中等职业教育建筑装饰专业课改成果教材

JIANZHU ZHUANGSHI SHITU YU HUITU

建筑装饰识图与绘图

主　　编 ⊙ 许宝良
执行主编 ⊙ 李　娟
执行副主编 ⊙ 侯暮云　舒圣虎

zjfs.bnup.com | www.bnupg.com

图书在版编目(CIP)数据

建筑装饰识图与绘图 /许宝良主编. —北京：北京师范大学出版社，2018.1
(中等职业教育建筑装饰专业课改成果教材)
ISBN 978-7-303-22642-9

Ⅰ.①建… Ⅱ.①许… Ⅲ.①建筑装饰—建筑制图—职业教育—教材 Ⅳ.①TU238

中国版本图书馆CIP数据核字(2017)第179571号

营销中心电话 010-58802181 58805532
北师大出版社职业教育分社网 http://zjfs.bnup.com
电子信箱 zhijiao@bnupg.com

出版发行：北京师范大学出版社 www.bnup.com
北京市海淀区新街口外大街19号
邮政编码：100875
印　　刷：三河市兴达印务有限公司
经　　销：全国新华书店
开　　本：787 mm×1092 mm 1/16
印　　张：11.5
字　　数：265千字
版　　次：2018年1月第1版
印　　次：2018年1月第1次印刷
定　　价：32.00元

策划编辑：庞海龙　　责任编辑：马力敏　欧阳美玲
美术编辑：高　霞　　装帧设计：高　霞
责任校对：陈　民　　责任印制：陈　涛

《建筑装饰识图与绘图》编写组

主　编/许宝良

执行主编/李　娟

执行副主编/侯暮云　舒圣虎

参编/陈晓君　徐晏菲

前言

建筑装饰识图与绘图能力是建筑装饰工程领域设计、施工、管理等各方人员必备的职业能力。因此，建筑装饰识图与绘图是中职建筑装饰类专业的一门重要的专业基础课。目前，全国建筑装饰识图与绘图的教材版本大部分是针对高等教育的，针对中等职业教育特别是贴合现今选择性课改的教材少之又少。已有的教材往往过多地追求学科知识的系统性，知识点较多，实训较少，忽略了中职生的学习现状和中职学校培养应用型人才的要求。

本书的内容涵盖了建筑装饰制图基本知识、建筑装饰施工图的识读和AutoCAD绘制建筑装饰施工图三大块内容，基本适应中职生毕业后从事装饰企业绘图员的岗位知识要求。本书面向建筑装饰专业所涉及的建筑装饰设计和建筑装饰施工两个岗位，从能够让学生独立识读、独立用AutoCAD绘制一套完整的建筑装饰施工图的技能要求出发，共设计了7个项目18个学习情境，以读图和计算机绘图两个技能为抓手，采用项目、学习情境、任务的驱动方式，遵循“做中学、做中教”的职教理念，重点提高学生识图和绘图的职业能力，为后续的专业施工课程的学习打下良好的基础。

本书为了突出实践能力培养，充分体现“理实一体”教育理念，充分体现“做中学、学中做”的特点，在结构和内容编排上力求简洁易懂、贴近实际。本书编写特点具体表现在以下几个方面。

1. 以岗位能力为目标，以用定学

本书本着理论知识“实用为主，必需和够用为度”的基本原则，精简画法几何部分的内容，增加装饰施工图的内容，既考虑了中职生的学情，又和企业相关岗位要求接轨。

2. 以项目为载体，以学习情境、任务为导向

本书打破传统的制图教材编写的系统，以一套建筑装饰施工图为案例，以图样的编排顺序为主线，通过“任务实施”模块和“任务拓展”模块，使学生达到知识点的举一反三，融会贯通。同时，项目—学习情境—任务的编写模式，符合岗位职业的能力要求，能达到中职学校贯彻的学以致用的教学目的。

3. 以工作过程为指导，理实一体

“建筑装饰识图与绘图”这门课传统上是一门理论较多，知识点较杂，比较枯燥的专业基础课程。本书在编写上尽量弱化理论，避开枯燥的讲解，将必需的理论知识点融入相应的项目、任务中，达到解决一个任务需要什么知识点，就将所需要的理论知识通过

“知识链接”模块传达给学生的目的。

4. 以本课程为基础，打破学科界限

例如，本书在平面图部分和立面图部分，结合识图和绘图的要求适当地增加了装饰设计的知识点，在地面铺装图部分增加了预算的简单知识点。通过对这些知识点的学习，学生能掌握识图和绘图的能力，能达到同其他专业课程的简单贯通。

本书在编写上以2010年颁布的国家建筑制图规范为基准，但是目前建筑装饰企业建筑施工图制图的现状是，各个企业在国家制定的建筑制图标准上制定了相应的符合自己企业内部的施工图标准，这种图在本书的部分任务拓展中也有涉及，请读者注意。另外，建议教师让学生了解AutoCAD基本命令的使用后再进行绘图任务的教学。

本课程建议教学总学时为122学时，各部分内容学时分配建议如下。

项目	课程内容		学时数		
			讲授	练习	合计
项目1	基本投影知识	投影原理	3	4	7
		三面投影的绘制和识读	4	6	10
		绘制图框	1	2	3
项目2	建筑装饰施工图基本知识	建筑制图基本知识	2	4	6
		建筑装饰基本知识	2	2	4
		绘制门和标高	2	2	4
项目3	剖面图与断面图	识读剖面图与断面图	4	4	8
		绘制楼梯剖切俯视图	4	4	8
项目4	平面图	识读建筑原始平面图	2	4	6
		识读建筑装饰平面图	2	4	6
		绘制平面图	2	8	10
项目5	立面图	识读建筑装饰立面图	4	4	8
		绘制建筑装饰立面图	2	6	8
项目6	建筑装饰详图	建筑详图的形成	2	2	4
		识读建筑装饰详图	4	4	8
		绘制建筑装饰详图	2	4	6
项目7	建筑装饰水电图	识读建筑装饰给排水管道图	4	4	8
		识读建筑装饰电气平面图	4	4	8

由于编者水平和条件有限，书中难免会存在疏漏和不足之处，恳请广大读者批评指正。

目 录

项目 1 基本投影知识

项目描述

本项目主要完成三个学习情境：第一个情境任务是理解正投影原理及如何建立三面投影体系；第二个情境任务是学会用正投影法绘制基本体和组合体的三面正投影；第三个情境任务是使用 AutoCAD 软件正确绘制 A2 图框。

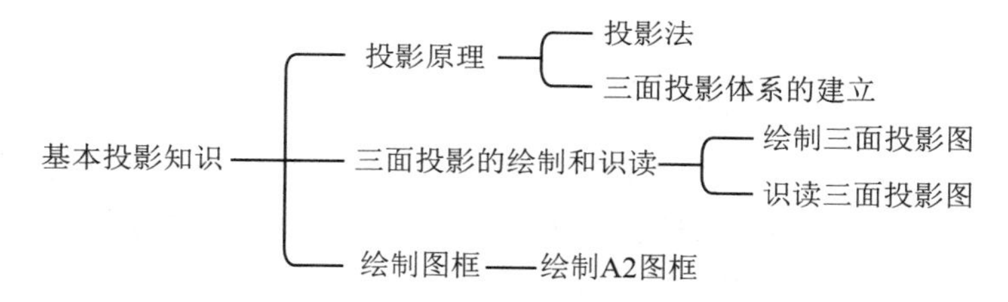

学习情境 1 投影原理

学习目标

1. 理解正投影的规律和方法。
2. 理解三面投影图的形成及投影规律。

情境描述

绝大部分建筑工程图都是采用正投影的原理绘制的。因此，认识正投影的原理和投影的规律对今后的学习有很大的帮助。对基本几何体三面投影的学习，为之后能正确识读建筑工程图样做好充分的准备。

任务1　投影法

任务导入

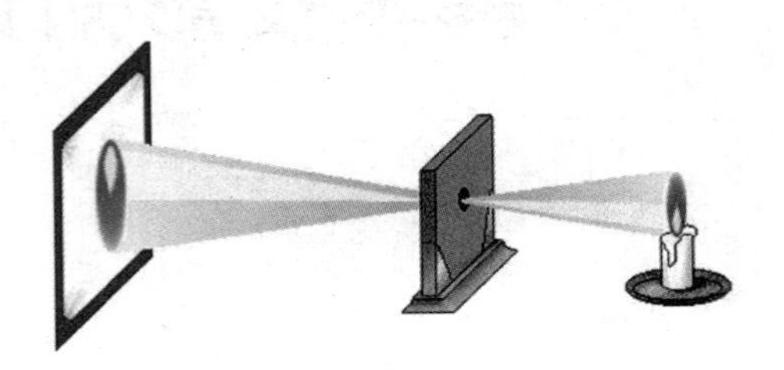

图 1-1-1　小孔成像

思考：

1. 图 1-1-1 是我们曾经了解的小孔成像的原理。那么，小孔成像后在墙面上的投影是什么样的呢？

2. 图 1-1-1 运用了哪种投影原理？

3. 从不同的角度照射物体得到的投影是否相同？

知识链接

一、投影体系的建立

在日常生活中，在发光物体(如太阳、灯等)的照射下，所形成的影子称为物体在投影面上的投影。我们把产生投影的光源称为投射中心 S，把地面或墙面等称为投影面，连接投射中心和几何体上的点的直线称为投射线。投射中心、投射线、几何体、投影面以及它们所在的空间称为投影体系，如图 1-1-2 所示。

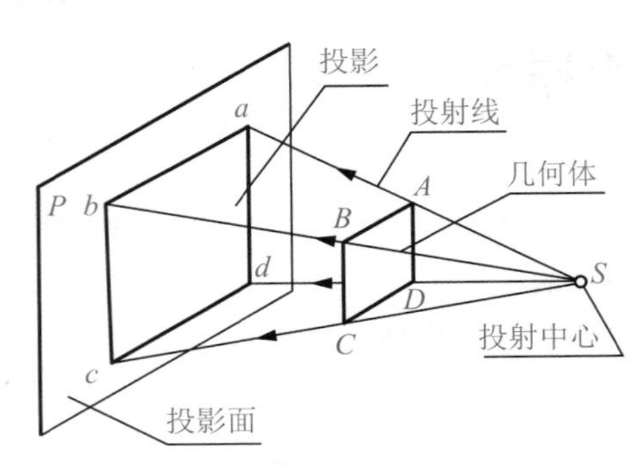

图 1-1-2　投影体系

二、投影的分类

根据上述所说，投射线通过物体向选定的投影面进行投射，并在该投影面上得到图形的方法称为投影法。根据投射中心、投射线和投影面三要素的相对位置，投影法分为中心投影法和平行投影法。

1. 中心投影法

当投射中心距离投影面有限远时，投射线交汇于投射中心，这种投影法称为中心投影法，如图 1-1-3 所示。中心投影法能够反映物体的形状，有时极富立体感，但是不能反映物体的真实大小。因此，中心投影法常用于绘制透视图，用来表达室外或者室内装饰效果。

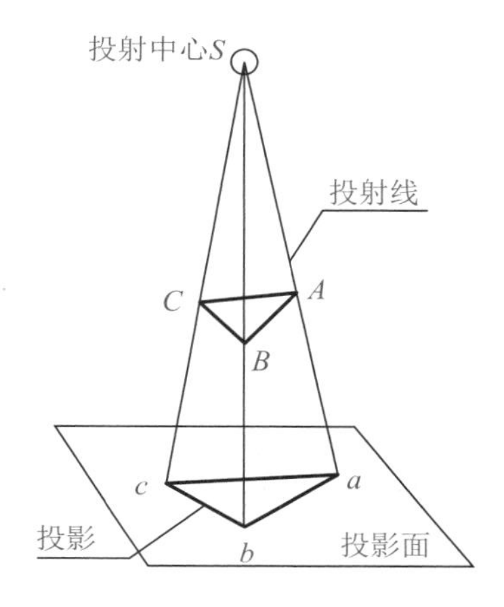

图 **1-1-3**　中心投影法

2. 平行投影法

当投射中心距离光源无限远时，投射线互相平行，投影大小与物体到投射中心的距离无关，这种投影法称为平行投影法。根据投射线与投影面的关系，平行投影法分为正投影法和斜投影法，如图 1-1-4 所示。

(1)正投影法

正投影法是投射线互相平行且与投影面垂直的平行投影。采用正投影法所得的投影图称为正投影图，如图 1-1-4(a)所示。正投影图反映几何体的真实形状和大小。正投影图在绘制过程中快捷，而且度量性好，在绘制时可以直接量取物体的形状和大小，在工程上应用较为广泛，用于各种建筑工程图样的绘制。本书的建筑图样都是采用该投影法进行绘制的。

(2)斜投影法

斜投影法是投射线互相平行，但与投影面倾斜的平行投影法。这种投影法不能反映物体的真实形状和大小，但具有一定的立体感，如图 1-1-4(b)所示。这种投影法一般在作轴测图时采用。

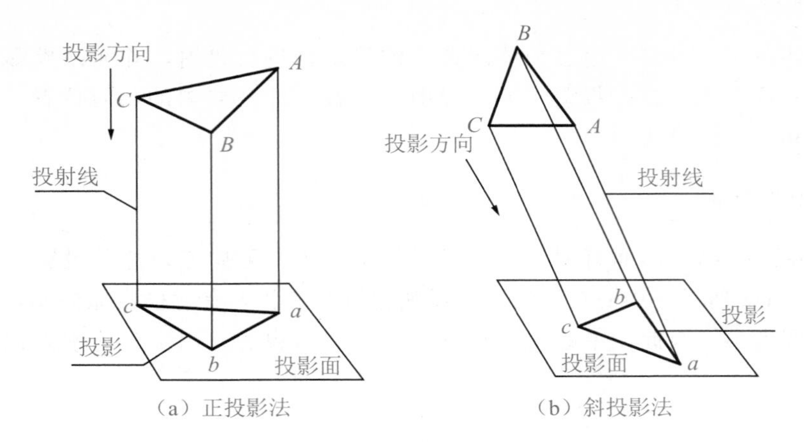

（a）正投影法　　（b）斜投影法

图 1-1-4

任务实施

填一填：1. 投影法一般分________和平行投影法，其中平行投影法又分为________和________。

2. 正投影的投射线相互________，且________于投影面。

3. 如图 1-1-5 所示，________是斜投影，________是中心投影，________是正投影。由于________作图方法简单，度量性好，绘制工程图样时主要采用________。

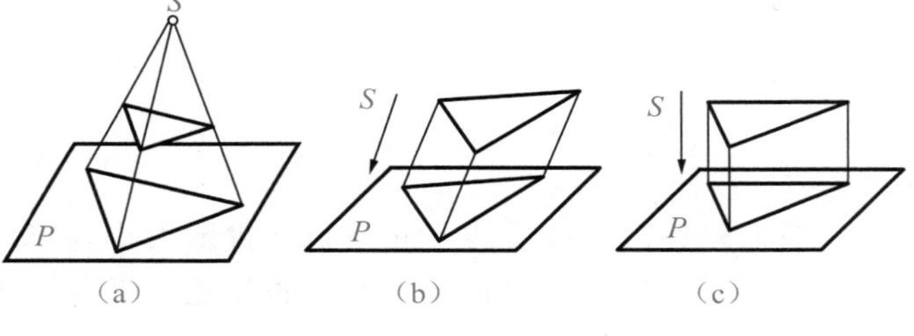

（a）　（b）　（c）

图 1-1-5

任务拓展

动一动：分小组，一位同学用手机电筒当作光源，一位同学在墙壁和光源之间用手模仿不同的形状，其他几位同学来猜。拿光源的同学不断变换光照射的角度和距离，看看墙壁上的影子有何变化。

任务2　三面投影体系的建立

任务导入

（a）

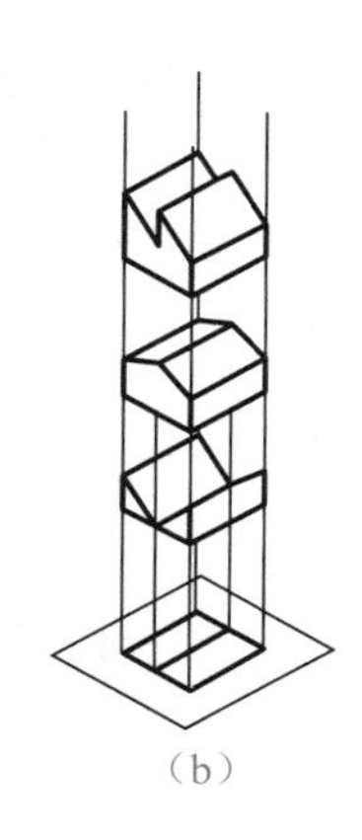

（b）

图 1-1-6

思考：

1. 如图 1-1-6(a)所示，要很好地描绘这幢房子，需要从哪些方向去看？

2. 如果要建造房子，你是工程师，需要给施工员提供哪几种图样？

3. 我们生活在三维空间里，物体都有长度、宽度和高度，那么如何在一张只有长度和宽度的图纸上准确地反映这个物体的形状和大小呢？

4. 只用一个正面投影图无法完全反映形体的形状和大小，图 1-1-6(b)所示的几个形体并不相同，但一个方向的正投影图是完全相同的。如果遇到这种情况，应该怎么办？

知识链接

一、三面投影体系的设立及三面投影的形成和展开

1. 三面投影体系的设立

为了精准表达几何体的形状和尺寸，仅仅作物体的一个面的投影是不够的，一个面不能真实地反映几何体的全部形状。因此，把几何体放置在三个互相垂直的投影面之间，并且分别向这三个投影面进行投影，这样就能得到该几何体三个投影面上的投影图，然后把这三个面结合起来，同时进行观察，才能正确地表达几何体的形状、大小和位置，如图 1-1-7 所示。

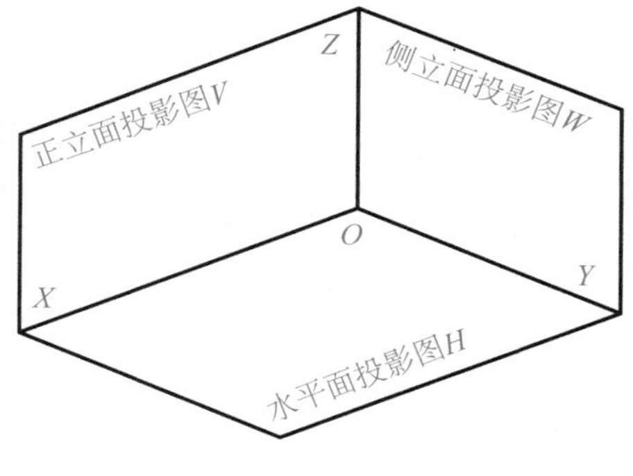

图 1-1-7

在三面投影体系中，水平放置的投影面，称为水平面，用 H 表示；正对观察者的投影面，称为正立面，用 V 表示；右侧侧立面的投影面，称为侧立面，用 W 表示。这三个投影面两两相交，面的交线称为投影轴。其中，H 面与 V 面的交线称为 OX 轴，H 面与 W 面的交线称为 OY 轴，V 面与 W 面的交线称为 OZ 轴，且三条投影轴相互垂直，三个投影轴交点为 O。OX 轴可表示长度方向，OY 轴可表示宽度方向，OZ 轴可表示高度方向，如图 1-1-8 所示。

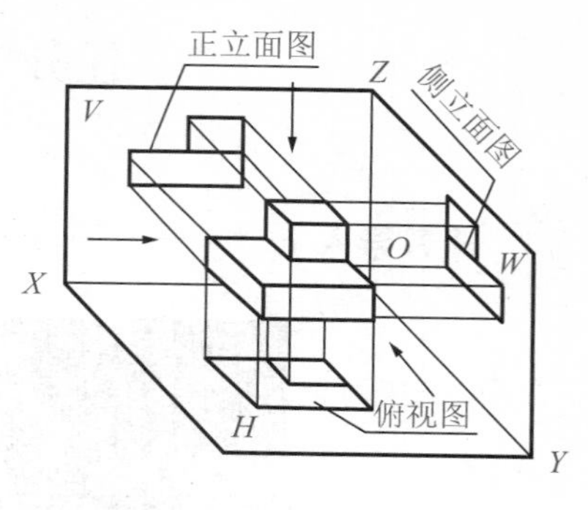

图 1-1-8

2. 三面投影的形成

在设立的三面投影体系中，将几何体放置在 H 面的上方、V 面的前方和 W 面的左侧。利用正投影法向各投影面作正投影：自前向后作正投影，形成形体的正立面投影图或称正立面图，简称 V 图；自上而下作正投影，可得形体的水平面投影图或称俯视图，简称 H 图；自左向右作正投影，形成侧立面投影图或称侧立面图，简称 W 图，如图 1-1-8所示。

3. 三面投影的展开

几何体放入投影体系后，三个投影图分别在三个面上(不共面)，因此无法在一个平面图纸上进行表达和绘制。为此将其中的两个投影面展开，使其在一个平面上。

在建筑制图中规定，将正立面(V 面)保持不变，将侧立面(W 面)连同侧立面投影图绕 OZ 轴向右旋转 90°，将水平面(H 面)连同俯视图绕 OX 轴向下旋转 90°，如图 1-1-9(b)所示。此时，三个投影图则可以处在同一平面上，能在一张纸上进行绘制，如图 1-1-9(c)所示。这样所得的图形，称为三面投影图。

三个正投影图展开后三条轴就成了两条互相垂直的直线，原来的 OX 轴、OZ 轴的位置不变，OY 轴一分为二，成了 Y_H 轴和 Y_W 轴，如图 1-1-9(c)所示。

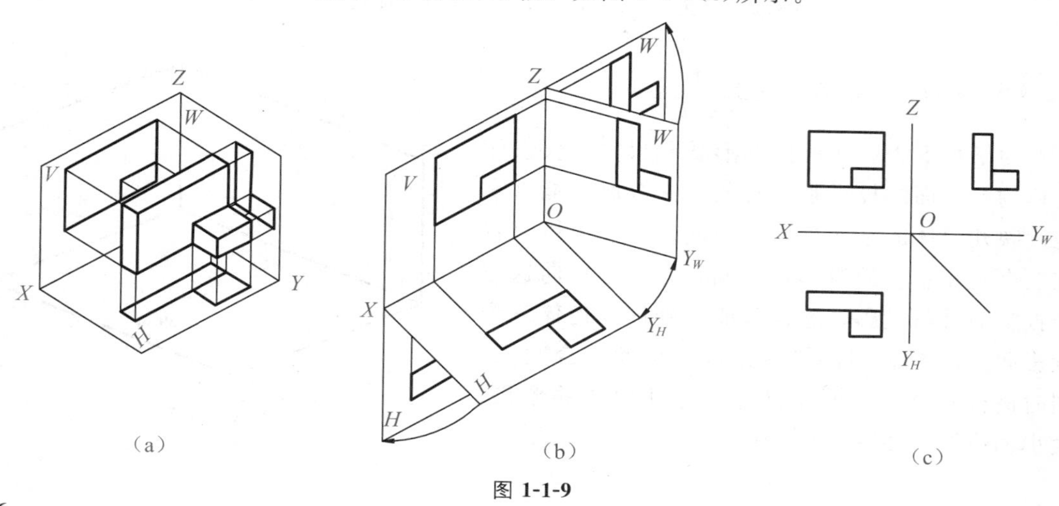

图 1-1-9

二、基本几何体三面正投影的基本规律

通过几何体三面投影图的形成和展开的过程，我们对投影进行分析，发现几何体的三面投影之间具有一定的关系，如图 1-1-10 所示。

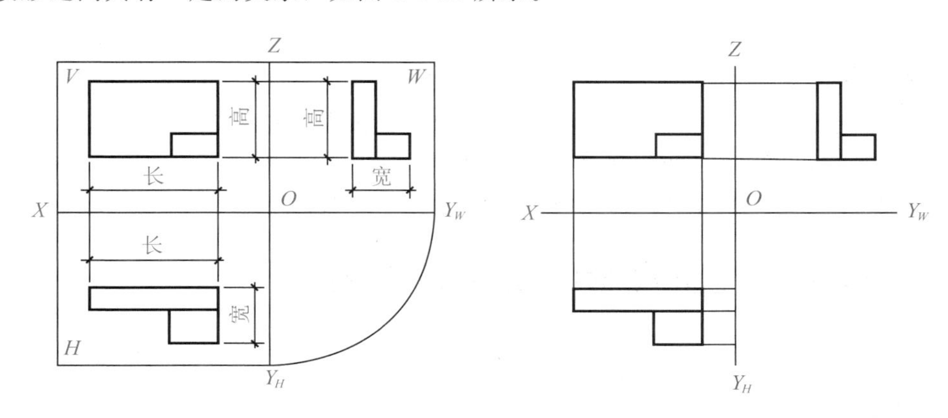

图 1-1-10

1. 位置关系

俯视图位于正立面图的正下方，侧立面图则位于正立面图的正右方。

2. 方位关系

正立面图反映的是几何体上、下和左、右的关系，侧立面图反映的是几何体前、后和上、下的关系，俯视图反映的是几何体前、后和左、右的关系。

3. 尺寸关系

正立面图反映长度和高度；侧立面图反映高度和宽度；俯视图反映长度和宽度。

展开后的三面正投影图具有以下投影规律，即“三等”关系。

正立面图与俯视图：长度相等，左右对正——长对正。

正立面图与侧立面图：高度相等，上下平齐——高平齐。

俯视图与侧立面图：宽度相等，前后一致——宽相等。

任务实施

想一想：将教室想象成三个投影面，教室正前方是哪个面？教室地面是哪个面？教室右侧墙面是哪个面？

动一动：你和你的同桌为一组，用步数估计距离，记录你们的课桌(课桌高度用丁字尺确定)在教室中的具体位置。课桌距离正前方的尺寸为______________，课桌距离右侧墙面的尺寸为______________，课桌距离地面的尺寸为______________。

填一填：1. 在三面投影体系中能反映形体宽度的投影图是____________，能反映上、下和左、右位置关系的投影图是____________。

2. 三面正投影图的投影规律（“三等”关系）可概括为____________、____________、____________。

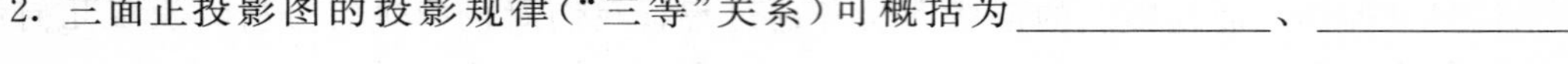

任务拓展

做一做：制作微型三投影面。准备一张空白页，按着长边和短边的对称轴对折，再展开。空白页形成四块，且面积相同。沿着折缝，撕下右下角的方块。最后形成的三个面就是投影面，并标记上每个面的名称。

学习情境2 三面投影的绘制和识读

学习目标

1. 掌握用正投影法绘制形体三面投影的方法。
2. 学会识读基本形体的三面投影。

情境描述

本情境通过对基本形体三面投影的绘制和识读的学习，为能准确绘制和识读建筑装饰平面图、立面图和剖面图做准备。

任务1 绘制三面投影图

任务导入

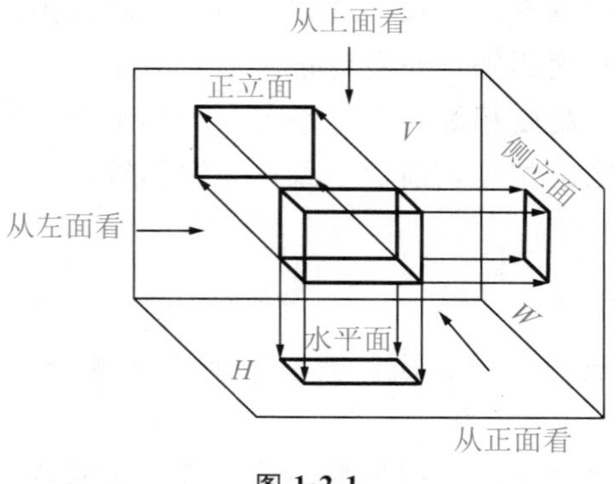

图 1-2-1

思考：

在上一节的任务拓展中，布置同学们完成微型三投影面的制作。如图 1-2-1 所示，现在将一块橡皮置于三投影面形成的投影体系中。请观察橡皮在三个投影面中形成的形状。如何将一个三维立体实物由三个平面投影绘制出来？

知识链接

绘制基本几何体的三面投影图时，可以根据几何体的难易程度，逐个视图进行绘制，也可三个视图同时进行绘制。一般可先绘制正立面图或俯视图，然后再绘制侧立面图。下面以图 1-2-2 所示形体为例介绍逐个视图绘制的方法和步骤。

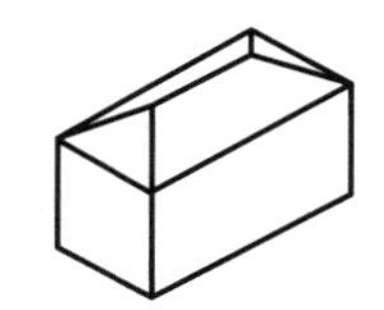

图 1-2-2　建筑模型直观图

①绘制投影轴：在图纸上先画出水平垂直的十字交叉线，作为投影轴，并标注轴线的名称，如图 1-2-3(a)所示。

②根据几何体的尺寸，选定 V 面的投影方向，先画能反映形体形状特征的 V 图，如图 1-2-3(b)所示。

③用尺或圆规量取宽度尺寸，按“三等”关系，利用“长对正”画出 H 图，如图 1-2-3(c)所示。

④用水平线与 45°折引线相交，保持“高平齐”“宽相等”的投影关系，求得 W 图，如图 1-2-3(d)所示。

⑤对照形体的空间模型，检查线条的变化，修改并加深图线，完成建筑模型三面正投影图，如图 1-2-3(e)所示。

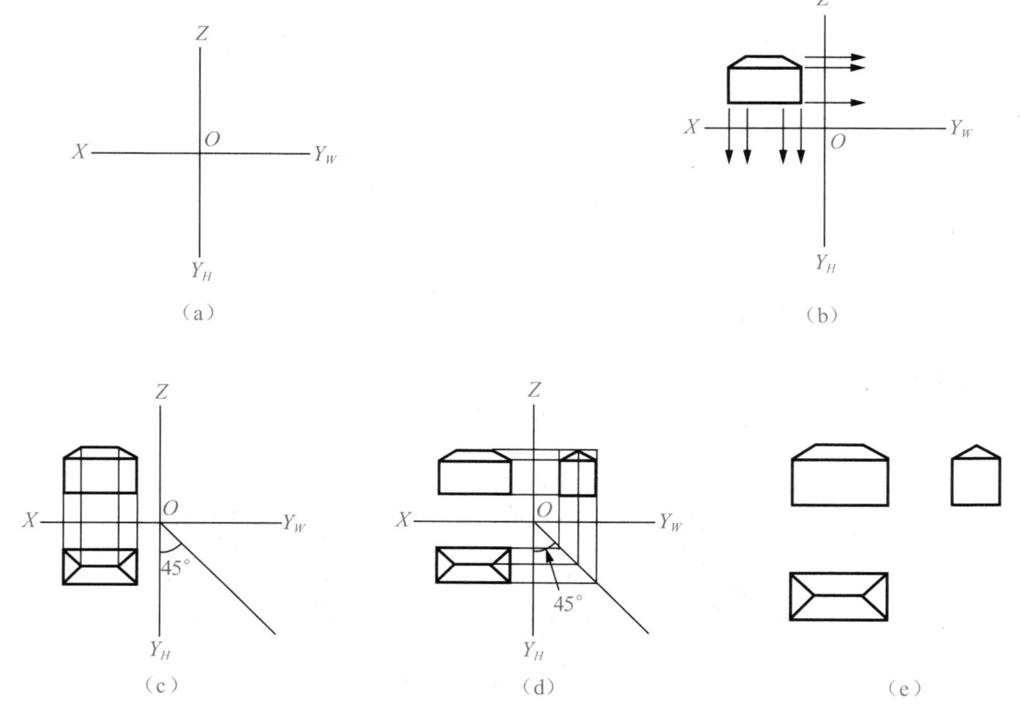

图 1-2-3

任务实施

绘一绘：1. 如图 1-2-4 所示，画出下列形体的三面投影。

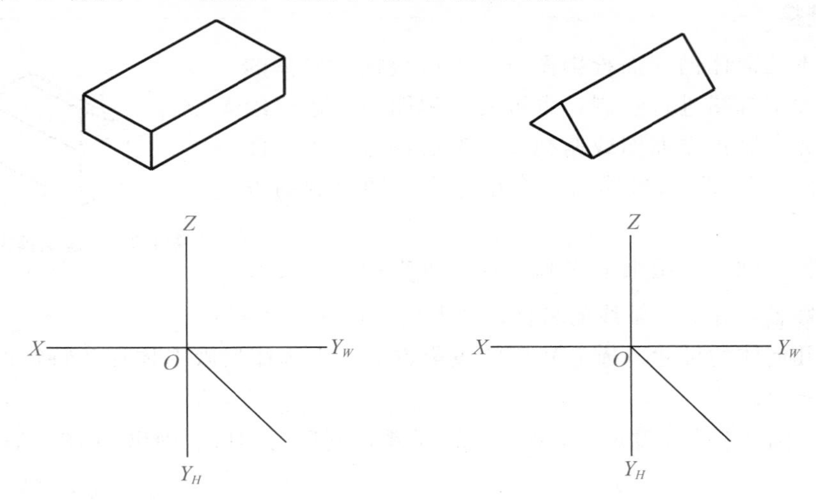

图 1-2-4

2. 如图 1-2-5 所示，补全投影图所缺的线。

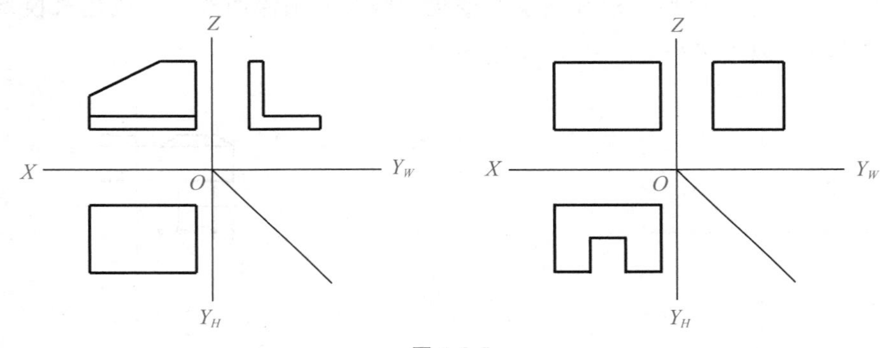

图 1-2-5

任务拓展

绘一绘：如图 1-2-6 所示，已知正等轴测图，从图中量取尺寸，画出三视图。

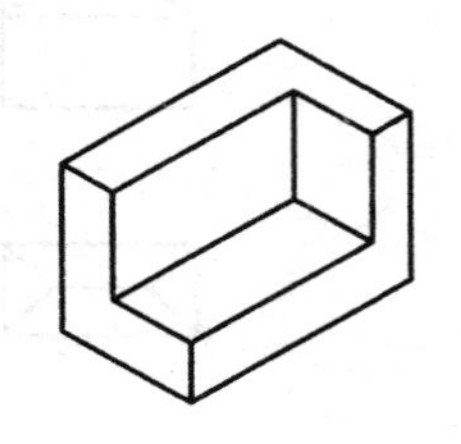

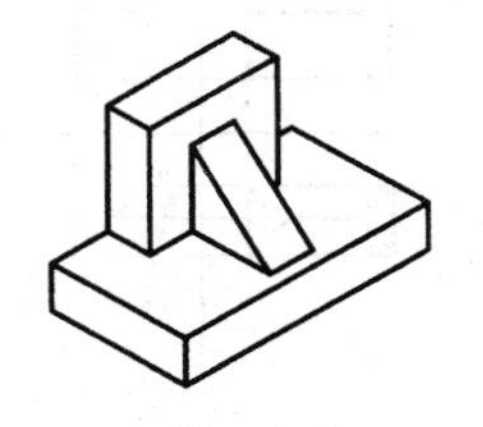

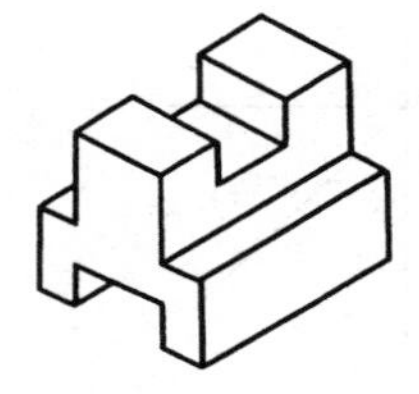

图 1-2-6

任务2　识读三面投影图

任务导入

图 1-2-7

思考：

1. 如图 1-2-7 所示，飞机的三个投影是从哪三个方向观察的？

2. 正面投影遵循哪些规律？

3. 绘制三面投影的步骤是什么？

4. 搭积木，在积木中找出基本形状（长方体、三棱柱等），将这些基本形状组合起来，并思考基本形状之间的位置关系。

知识链接

识读组合形体投影图的方法是根据投影想象形体的空间形状。正投影图在工程界运用得较广泛，但缺乏立体感，所以，识读投影图非常重要。而识读的前提是掌握正确的识读方法。识读组合形体投影图常用的方法是形体分析法。

每一个组合的形体都可看成由若干个基本的形体组成，如桩基础、台阶、楼梯等。为便于识读，我们假想将组合形体像积木一样分解成简单的基本形体，对形状、相对位置和组合方式逐一分析。这种分析法称为形体分析法。

一、形体分析法

形体的三面投影图具有“长对正、高平齐、宽相等”的关系，那么组合体的各个基本形体的三面投影图也具有“三等”关系。形体分析法的思路是将形体的三面投影图分解为若干符合“三等”关系的基本形体投影图，根据这些投影图想象出它们各自代表的基本形体，把这些基本形体再按原来的位置进行组合，从而想象出三面投影图所示的组合体的形状。形体分析法需分析形体的组合形式和位置关系。

1. 形体的组合形式

按形体分析法，形体的组合形式分为叠加、切割、综合三种。

叠加式：由 2 个或 2 个以上的基本形体通过叠加而成(图 1-2-8)。

切割式：由一个基本形体经过切割 1 个或 2 个以上基本形体而成(图 1-2-8)。

综合式：既包含叠加式又包含切割式。

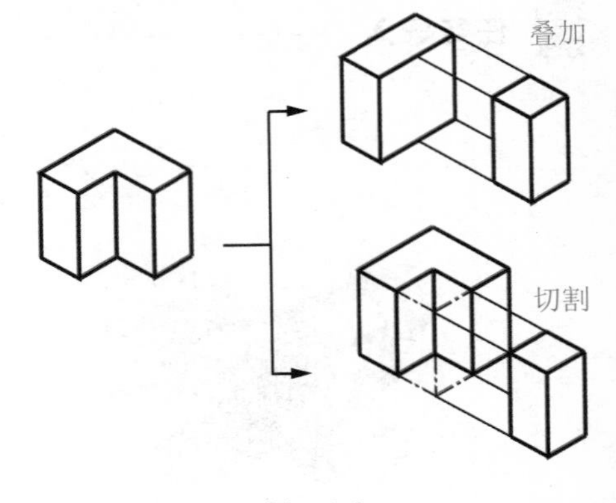

图 1-2-8

2. 形体的位置关系

如图 1-2-9 所示，两个组合形体的位置关系有何不同？影响它们的 V 面投影有何不同？

两个组合形体的不同在于两个长方体之间的位置关系，图 1-2-9(a)为相切关系，无交线，图 1-2-9(b)为相交关系，有交线。

两个基本的几何体连接在一起，它们之间可能存在交线。当两个物体连接，有某两个面位于同一平面时，即相切，两个面没有交线；两个面不在同一平面，即相交，两个面有交线。同时还要注意被遮挡的线成为不可见线，在投影图中用虚线表示。

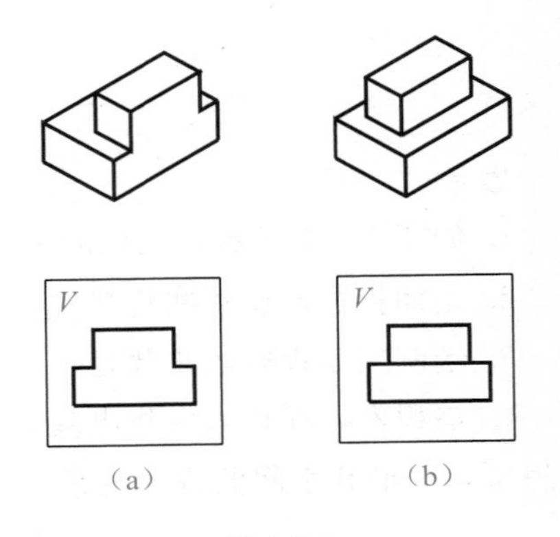

图 1-2-9

二、识读步骤

寻找特征，激发灵感；划分线框，分解形体；大胆预设，印证调整；分析投影，确定形状；注意交界，确定位置。

任务实施

想一想：已知某组合体 V 面投影如图 1-2-10 所示，试运用学习的识读方法，按照自己的思路步骤，尝试识读出投影图所示组合体的基本形体，可以借助提供的各种模型块帮助分析，考虑多种可能性。

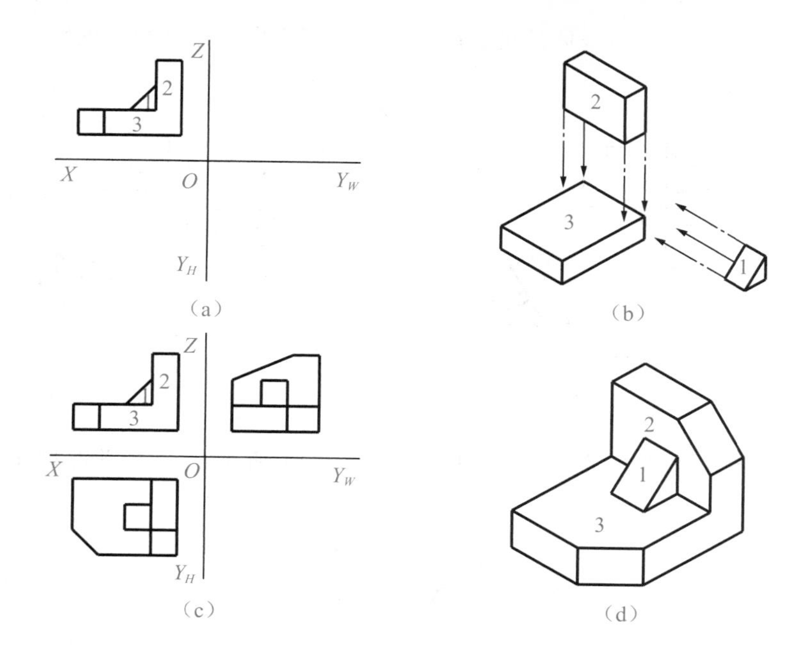

图 1-2-10

读一读：1. 如图 1-2-11 所示，用形体分析法识读三面投影图。

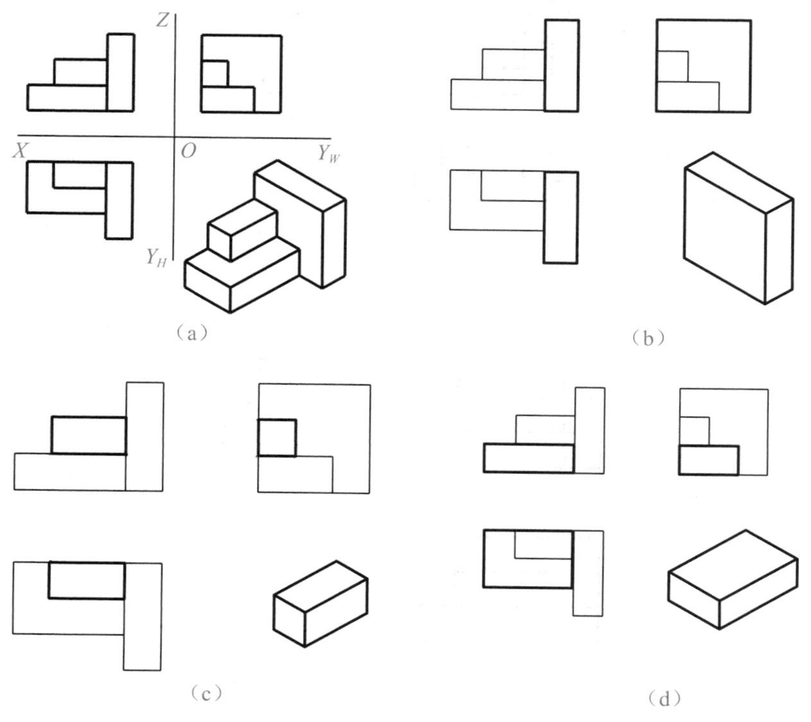

图 1-2-11

2. 识读图 1-2-12 所示组合体的投影图，并在三面投影中添加缺少的线。

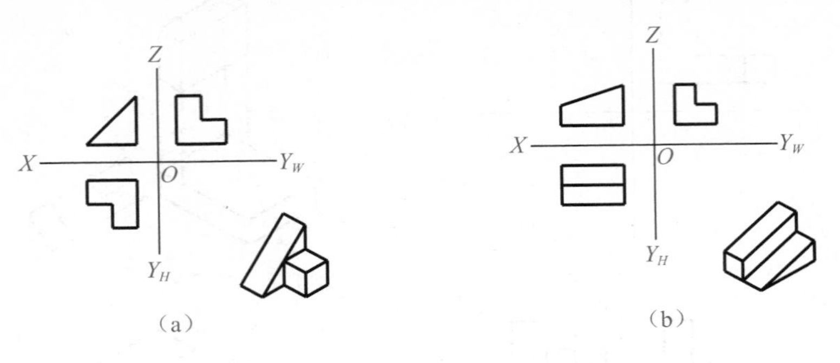

图 1-2-12

动一动：用图 1-2-13 所示的两种积木将图 1-2-14 所示的三面投影摆出立体图，并展示。

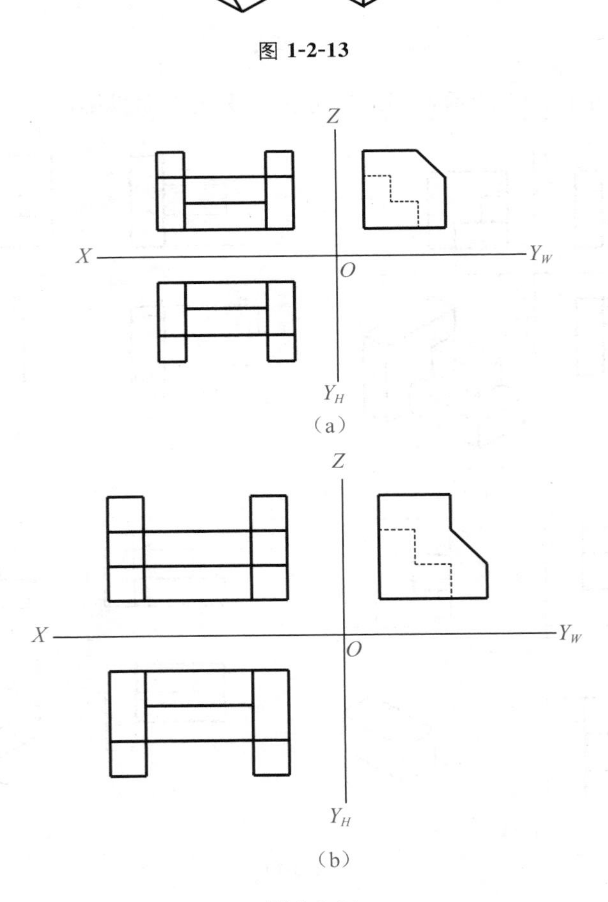

图 1-2-13

图 1-2-14

实际参考如图 1-2-15 所示。

图 1-2-15

任务拓展

做一做：认真识读图 1-2-16 所示的有关斜屋面房屋的投影图，思考有关斜面较复杂组合体投影图的识读方法，并分别找到与图示相同屋顶的建筑照片，可自拍也可上网查找，以电子文件的形式上交。

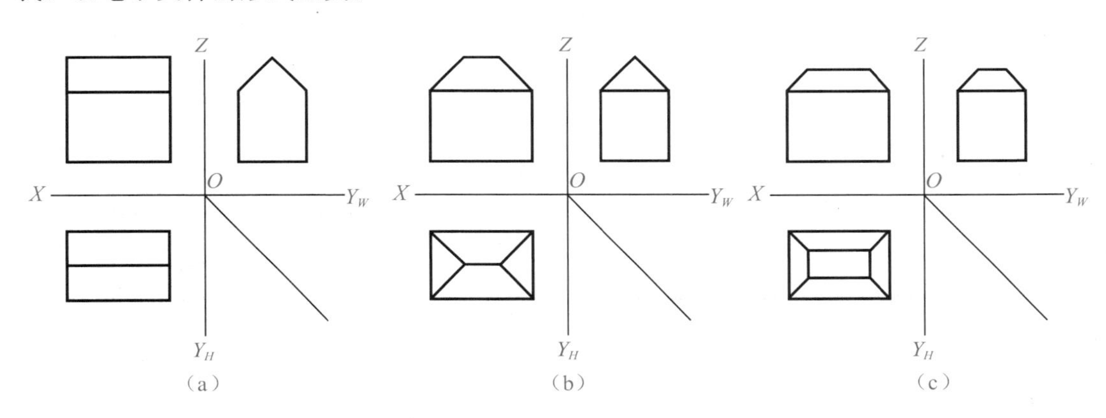

图 1-2-16

学习情境 3　绘制图框

学习目标

1. 复习 AutoCAD 软件的基本操作方法。
2. 复习绘图环境的设置。
3. 复习绘图命令的操作方法。

情境描述

图框是绘图的基础，国家相关标准对图纸幅面的尺寸大小和图框的形式、图框的尺寸都有明确的规定。图框需包含左上角矩形、右下角矩形。绘制图框时，学生通常掌握绘制矩形的命令即可。通过本情境的学习，学生需学会运用 AutoCAD 软件绘制图框。

任务　绘制 A2 图框

任务导入

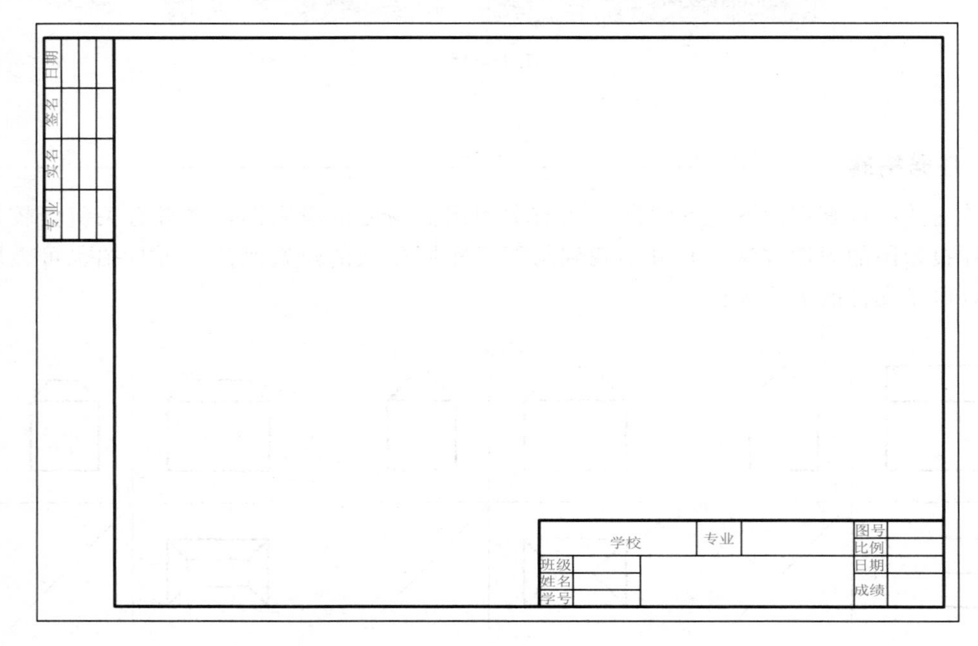

图 1-3-1

思考：

1. 绘制的图框(图 1-3-1)由哪些基本图形组成？用到的是什么图形的绘制方法？
2. 绘制图框有哪些步骤？
3. 绘制图框需要哪些命令？

知识链接

一、设置绘图环境

根据建筑制图规范要求，采用毫米作为图形单位，单位精度设置为整数位即可。AutoCAD 软件中用到的命令是 UN。

二、设置绘图界限

图形界限即图样的边框，根据矩形的绘制方法，只需指定左下角和右上角的两个点即可确定。可以根据工程图样的规格设置图形界限。图形界限的左下角位置，默认值为系统原点坐标，采用默认值。只需设置右上角点坐标值即可，软件采用的命令是 limits，用来重新设置图形界限。

三、设置图层

图层是用来组织图形的最有效的工具之一。它通常用来分类放置图形元素。AutoCAD 中图层没有厚度、完全透明，是图样的组成部分，一层挨一层放置，可以想象成完全透明的胶片，每张胶片上都有相同的线型和颜色，将所有图层(胶片)叠加起来，就组成了一张完整的图样。每个图层均拥有任意的颜色和线型，方便使用者统一管理。软件采用的命令是 LA。

准备工作已经完成，下面是绘制图框的实际步骤。

四、绘制图框

按 1∶1 比例绘出 A2 横向图框，如图 1-3-1 所示，一共需要绘制外矩形、绘制内矩形、绘制左上角矩形、绘制右下角矩形、输入文字、合成图框六步。

①绘制外矩形，按 A2 图样规定的长度和宽度，绘制一个 594 mm×420 mm 的矩形即为外矩形。采用矩形命令 REC。

②绘制内矩形，内矩形与幅面框相比，上下和右边各往内缩 10 mm，因此采用偏移命令(O)进行绘制，左边的装订边，可运用分解命令(X)、偏移命令(O)、修剪命令(TR)、删除命令(E)共同进行绘制。绘制中还要用框线加粗命令。

③绘制左上角矩形，打开“草图设置”对话框中的对象捕捉，选中节点；运用直线命令(L)绘制整体外框；再绘制内线，用偏移命令(O)进行偏移；最后加粗外框线。

④绘制右下角矩形，与绘制左上角矩形的步骤相同。

⑤输入文字，按规范进行文字样式的设置，命令为 ST。新建字体样式命名为仿宋，设置字体为仿宋 GB2312 并设置宽度因子。输入单行文字(T)，对正(J)并对中(MC)，最后设置文字高度。最后完成右下角矩形和左上角矩形的文字输入。

⑥合成图框：采用移动命令(M)，移动右下角矩形；旋转并移动左上角矩形，旋转命令为 RO。

任务实施

按步骤用 AutoCAD 软件绘制 A2 图框。(请选择 AutoCAD 2007 以上版本。)

一、设置绘图环境

输入命令：UN。精度设置如图 1-3-2 所示。

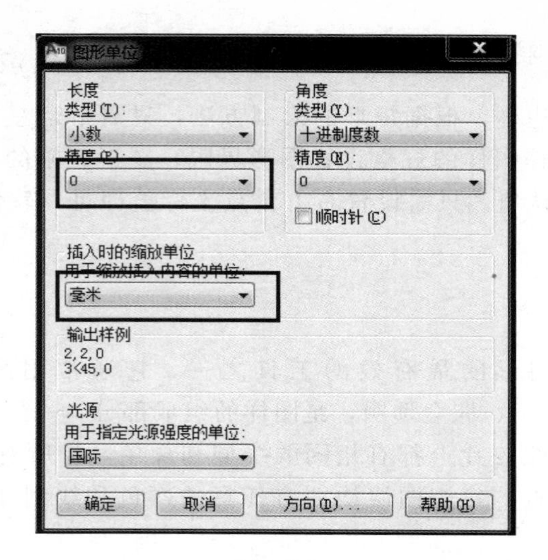

图 1-3-2

二、设置绘图界限

输入命令：limits。重新设置模型空间界限，具体操作如下。

```
命令：limits
重新设置模型空间界限：
指定左下角点或[开(ON)/关(OFF)]<0，0>：0，0
指定右上角点<420，297>：594，420
```

三、设置图层

输入命令：LA。图层设置如图 1-3-3 所示。

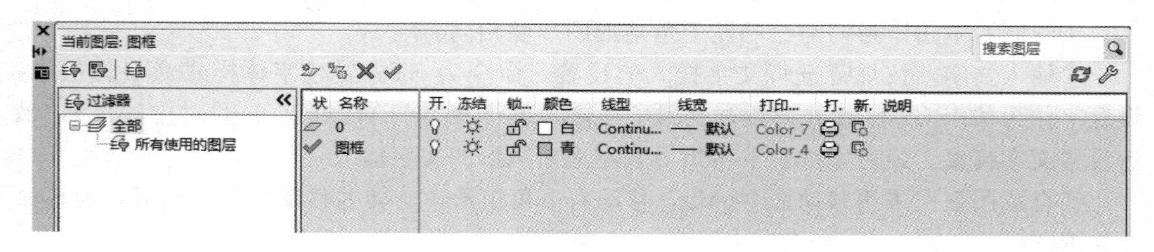

图 1-3-3

四、绘制图框

按 1∶1 比例绘出 A2 横向图框，如图 1-3-4 所示。

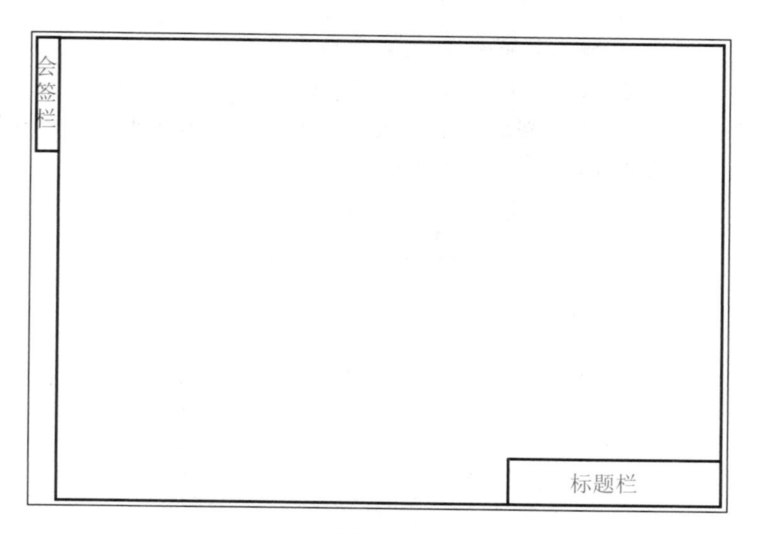

图 1-3-4

①绘制外矩形。

设置当前层为“图框”图层。

输入矩形命令：REC。

指定第一个角点，输入命令(0，0)，从原点开始绘制 594 mm×420 mm 的矩形框，输入 D→输入 594 回车，输入 420 回车→鼠标左键单击屏幕。具体操作如下。

```
指定另一个角点或[面积(A)/尺寸(D)/旋转(R)]：D
指定矩形的长度<10>：594
指定矩形的宽度<10>：420
指定另一个角点或[面积(A)/尺寸(D)/旋转(R)]：
需要二维角点或选项关键字。
指定另一个角点或[面积(A)/尺寸(D)/旋转(R)]：
```

②绘制内矩形。

输入偏移命令 O→输入 10，选取矩形为偏移对象，偏移那一侧为矩形内部，如图 1-3-5(a)所示。

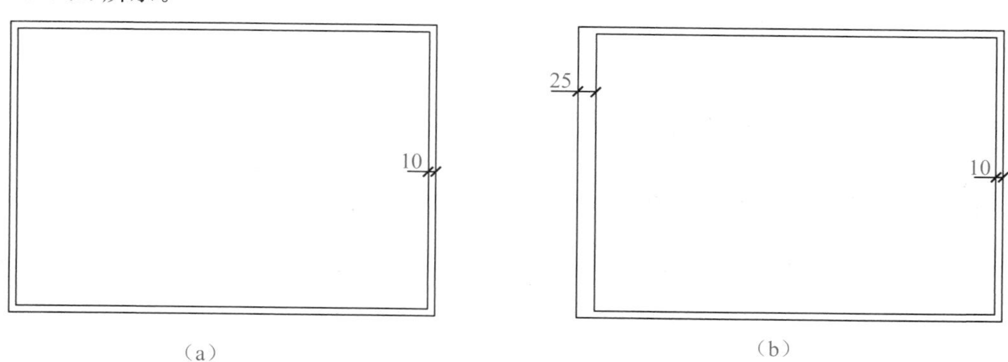

图 1-3-5

全选图形(Ctrl＋A)，输入分解命令 X ，分解对象。

利用偏移命令 O，将上一步偏移后的矩形左边线向内偏移 15 mm。

利用修剪命令 TR，修剪偏移后多余的边线，最后用删除命令(E)删除偏移前的原始左边线，就得到所需的图框，如图 1-3-5(b)所示。

加粗内矩形线：选中内矩形线，改变线的粗细，如图 1-3-6 所示。

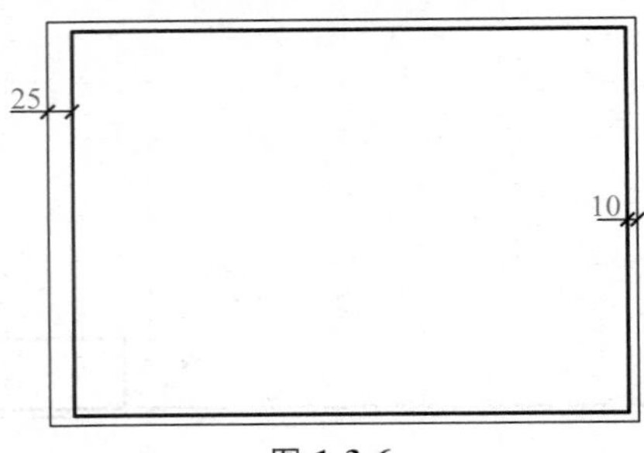

图 1-3-6

③绘制左上角矩形。

打开“草图设置”对话框中的对象捕捉，如图 1-3-7 所示，选中节点。

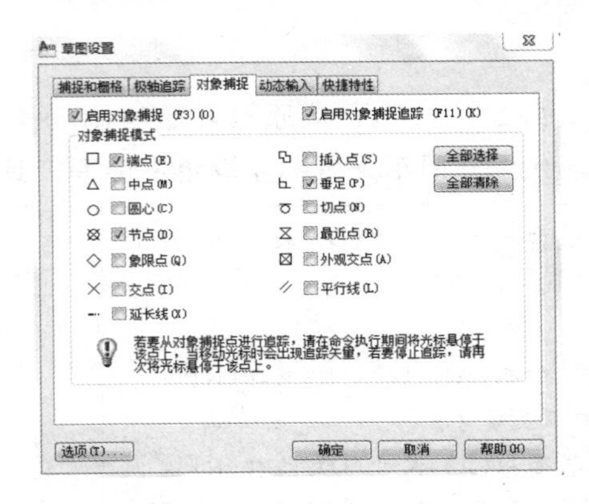

图 1-3-7

绘制左上角矩形的外框：运用直线命令(L)，输入长度，按图 1-3-8 进行绘制。

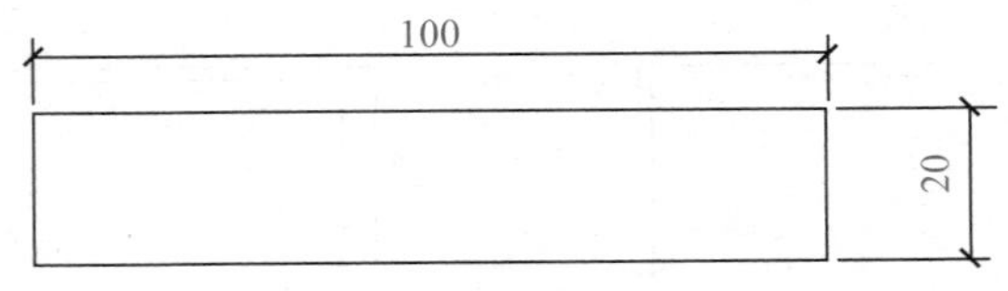

图 1-3-8

如图 1-3-9 所示，执行偏移命令(O)，偏移垂直和水平方向的线。

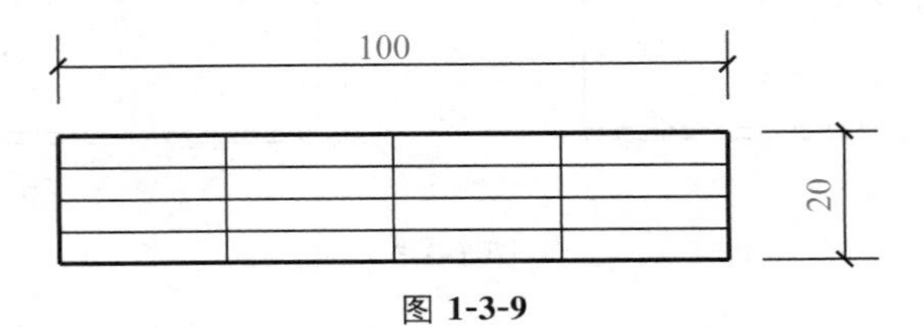

图 1-3-9

选中外边框线，改变线的粗细，加粗外边框线。

④绘制右下角矩形。

参照左上角矩形的绘制方法，绘制如图1-3-10所示的右下角矩形。

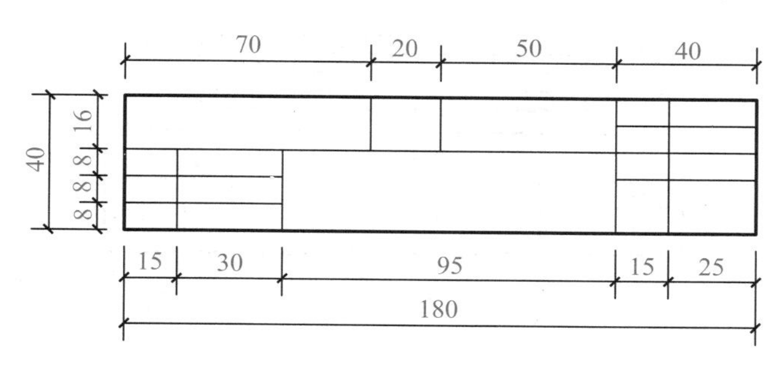

图 **1-3-10**

⑤输入文字。

文字标注：执行文字样式“格式/文字样式”或快捷键ST。

新建字体样式，命名为仿宋，如图1-3-11所示。

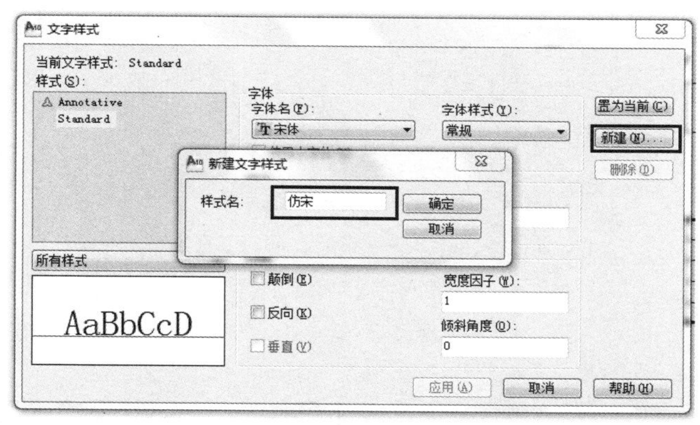

图 **1-3-11**

设置字体名，选中仿宋GB2312字体(若所用AutoCAD版本没有安装这种字体，请选择仿宋体或宋体)，设置宽度因子为0.7，如图1-3-12所示。

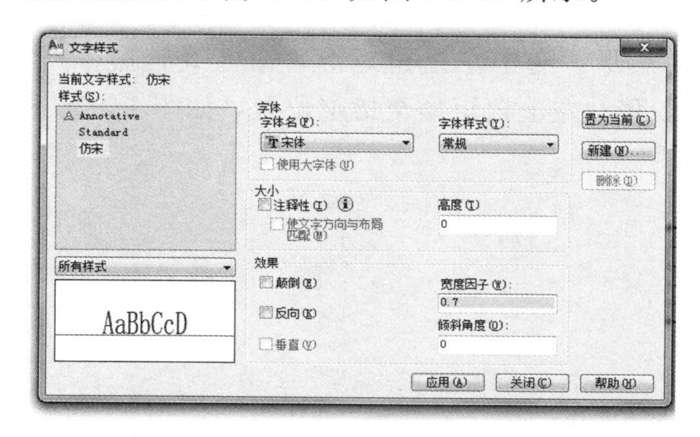

图 **1-3-12**

输入文字，如图 1-3-13 所示，输入单行文字(T)，捕捉单行文字的第一个点，输入对正(J)，输入对中(MC)，选中对角点，设置文字的高度，然后输入文字信息“学校”。按照上述方法完成左上角矩形和右下角矩形文字的输入。

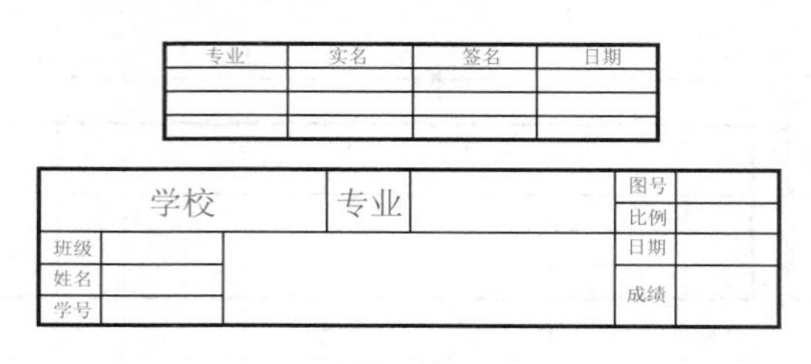

图 1-3-13

⑥合成图框。

移动右下角矩形。如图 1-3-14 所示，输入移动命令(M)，选中右下角矩形的右下角，单击鼠标左键，然后单击内矩形的右下角目标点。

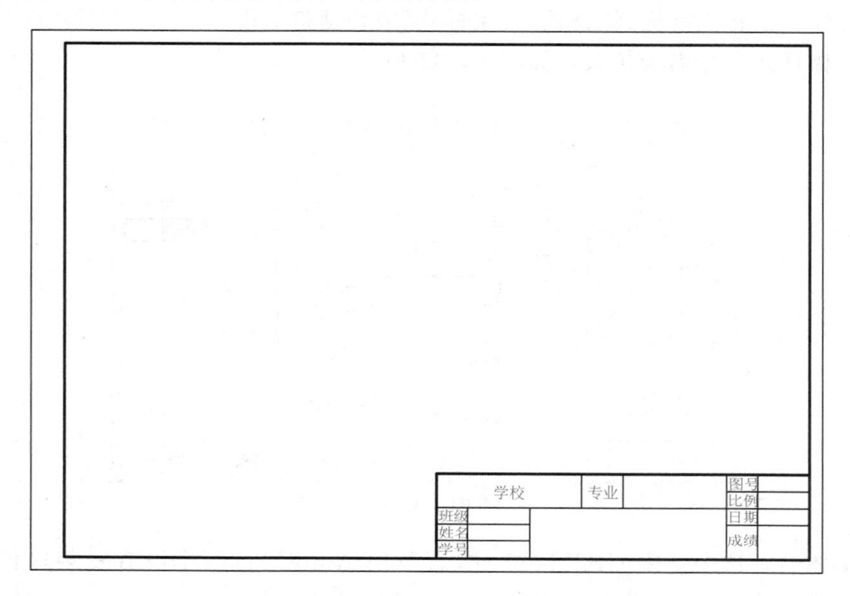

图 1-3-14

移动和旋转左上角矩形。选中左上角矩形，输入旋转命令(RO)，逆时针方向旋转 90°，输入 90。旋转后，移动左上角矩形至指定位置，如图 1-3-15 所示。

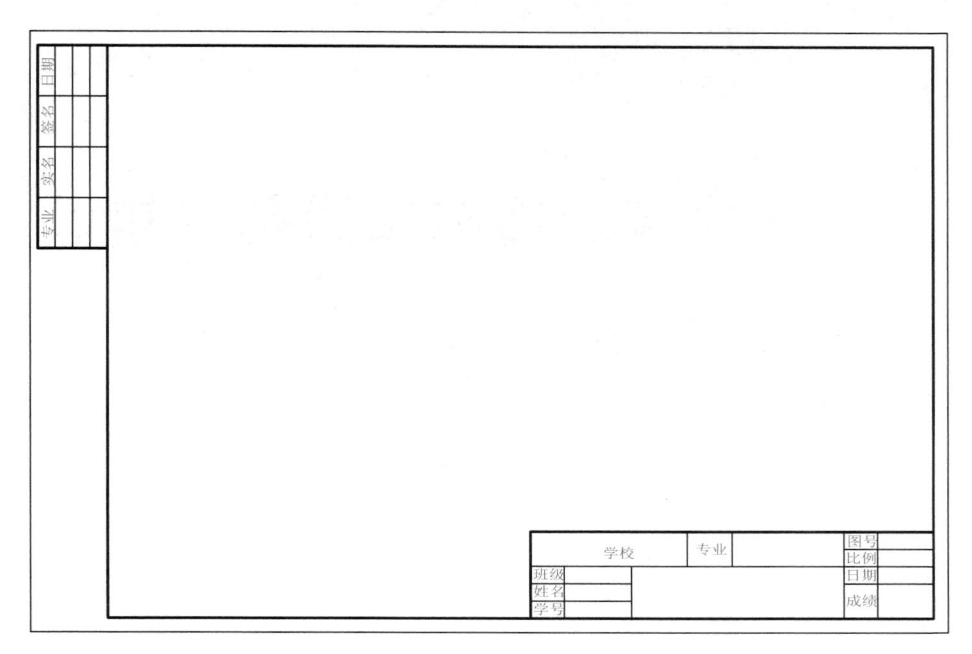

图 1-3-15

任务拓展

绘一绘：绘制 A3 图框。A3 图纸图幅为 297 mm×420 mm，尺寸按图 1-3-16 抄绘。

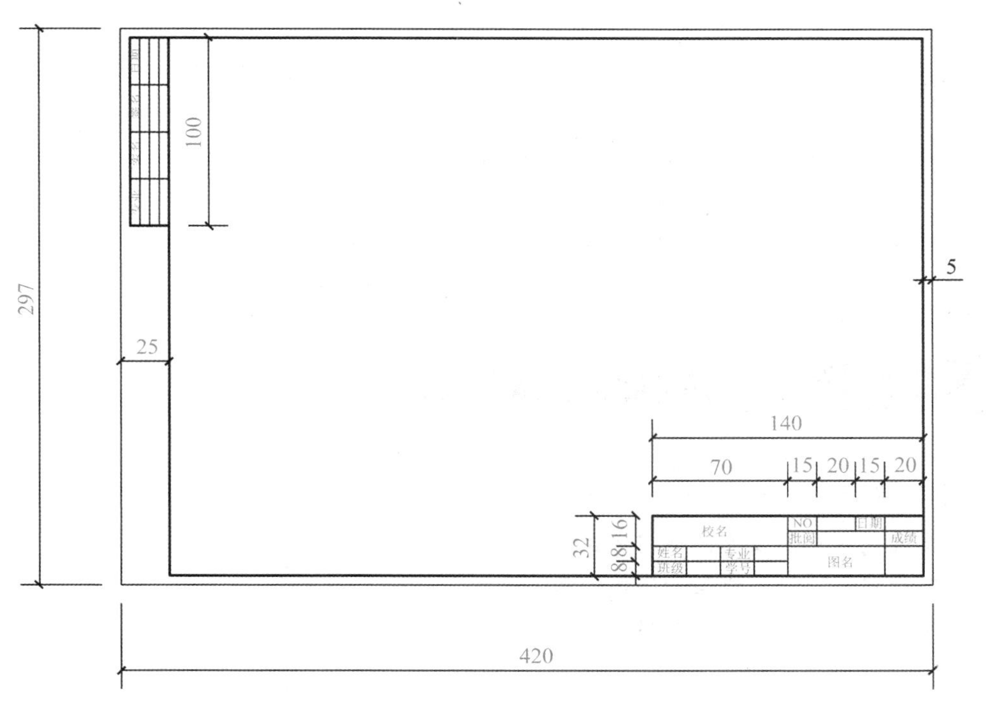

图 1-3-16

项目2　建筑装饰施工图基本知识

项目描述

本项目主要完成三个学习情境：第一个情境任务是掌握建筑制图基本知识；第二个情境任务是掌握建筑装饰制图基本知识；第三个情境任务是运用AutoCAD软件绘制门和标高。

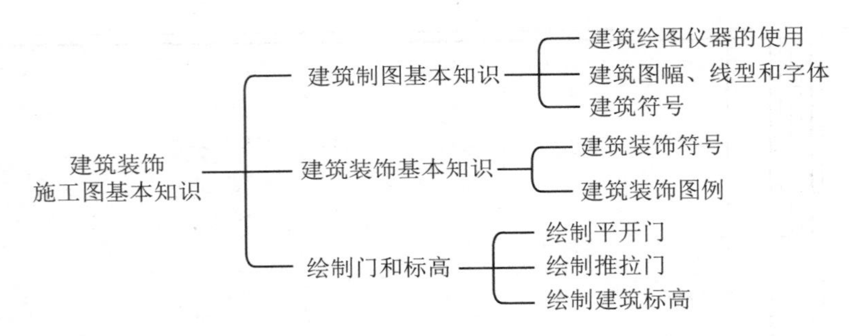

学习情境1　建筑制图基本知识

学习目标

1. 掌握建筑制图仪器的使用方法。
2. 掌握建筑图幅、线型和字体的基本知识。
3. 掌握建筑符号的基本知识。

情境描述

建筑装饰设计建立在建筑图样的基础上，因此需要学习建筑制图的基本知识，认识和识读建筑图样。通过本情境的学习，学生需掌握绘图工具的使用方法，掌握建筑图幅、线型和字体的基本知识，掌握建筑图中的符号，从而掌握建筑图样的识读，为建筑装饰图样的识读与绘制做铺垫。

任务 1　建筑绘图仪器的使用

任务导入

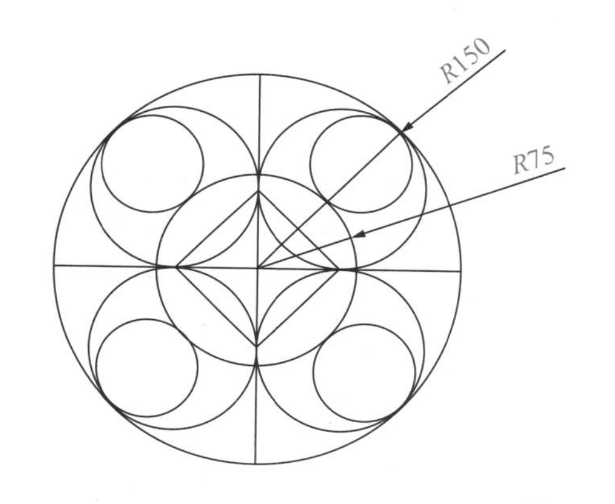

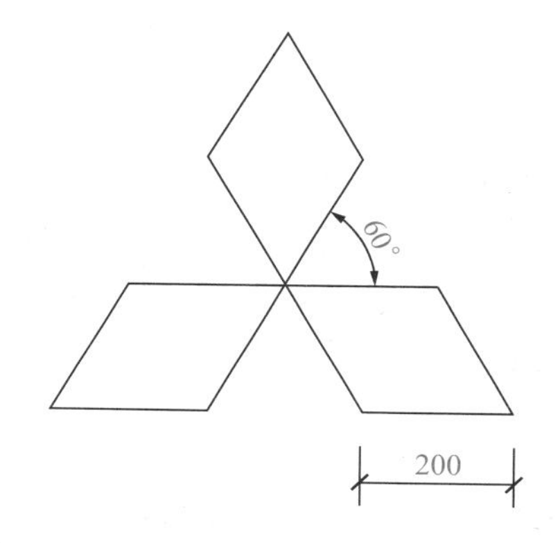

图 2-1-1

思考：

1. 绘制图 2-1-1 所示的图形需要哪些绘图仪器？

2. 如何正确使用绘图工具？

3. 我们以前学过，画一条直线用一个三角板，画两条平行的直线可以用两个三角板，现在要画很多条相互平行的直线，怎么画最快呢？用什么画图工具最合适呢？

知识链接

一、绘图板

绘图板是建筑制图中非常重要的工具，简称图板，如图 2-1-2 所示。图板用于固定图纸、丁字尺、三角板等绘图工具，固定图纸时应用纸胶带或透明胶带。图板四周要平直，表面要平整。图板应放在干燥阴凉处，尽量防止图板变形和重压。图板规格有 0 号(900 mm×1200 mm)、1 号(600 mm×900 mm)、2 号(420 mm×600 mm)、3 号(300 mm×420 mm)。

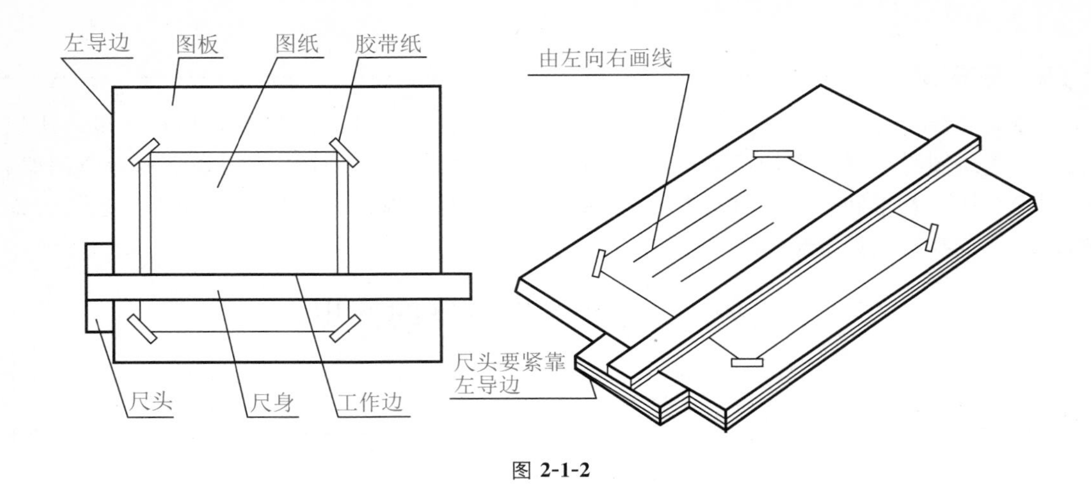

图 2-1-2

二、丁字尺

丁字尺由尺头和尺身两部分组成，常用规格有 640 mm、900 mm 和 1200 mm 三种。尺头与尺身成 90°。绘图时，尺头紧靠图板左边，左手握尺头。尺头沿图板的左边缘上下滑动到需要画线的位置，沿工作边即可从左向右画水平线，如图 2-1-2 所示。应注意，尺头不能靠图板的其他边缘滑动。

三、三角板

绘图的三角板通常由两块组成一副，一块是 45°等腰直角三角形，另一块是由 30°和 60°组成的直角三角形。绘图时，三角板和丁字尺需要配合使用，三角板紧贴丁字尺的尺身，可绘制垂直线，也可以画出 30°、45°、60°和 75°斜线，如图 2-1-3 所示。

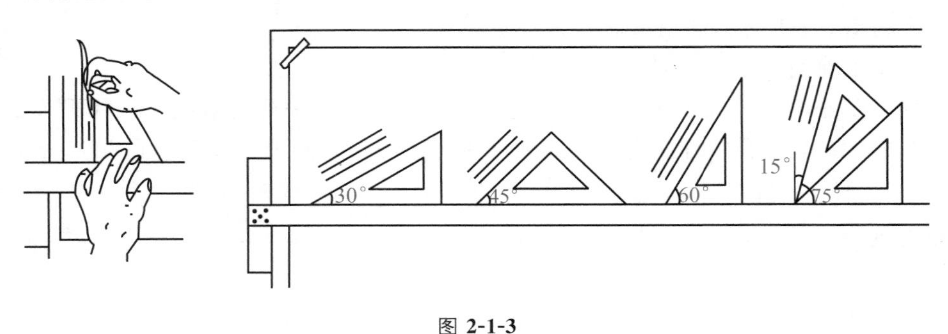

图 2-1-3

四、曲线板

曲线板是一种内外均为曲线边缘的薄板，用来绘制曲率半径不同的非圆自由曲线，如图 2-1-4 所示。绘图时，凑取板上与所拟绘曲线某一段相符的边缘，用笔沿该段边缘移动，即可绘出该段曲线。曲线板没有标示刻度，不能用于曲线长度的测量。

图 2-1-4

五、圆规

圆规用来画圆和圆弧。绘图时，圆规的一只脚上为钢针，固定在图板上；另一只脚上可安装铅芯、钢针等。使用前，先量取好半径，然后一只脚对准圆心，转动圆规进行绘制，绘制过程尽量一次完成，如图 2-1-5 所示。

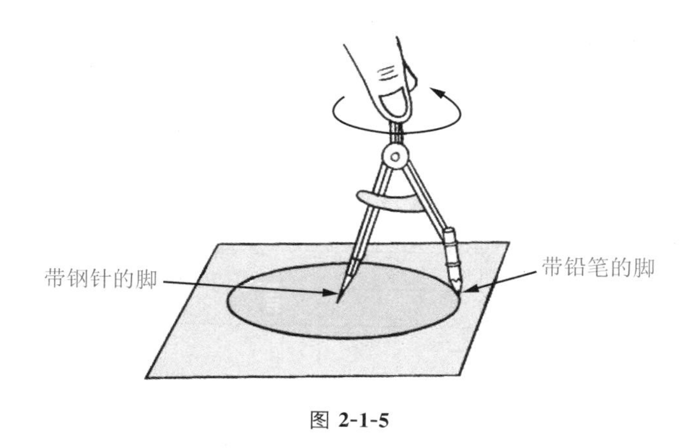

图 2-1-5

任务实施

想一想：1. 绘制建筑工程图样时常用的工具、仪器有哪些？

2. 你见过的计算机绘图软件是什么？为什么学计算机绘图之前要学习手工绘图？

任务拓展

学一学：进一步认识计算机绘图软件 AutoCAD。

任务 2　建筑图幅、线型和字体

任务导入

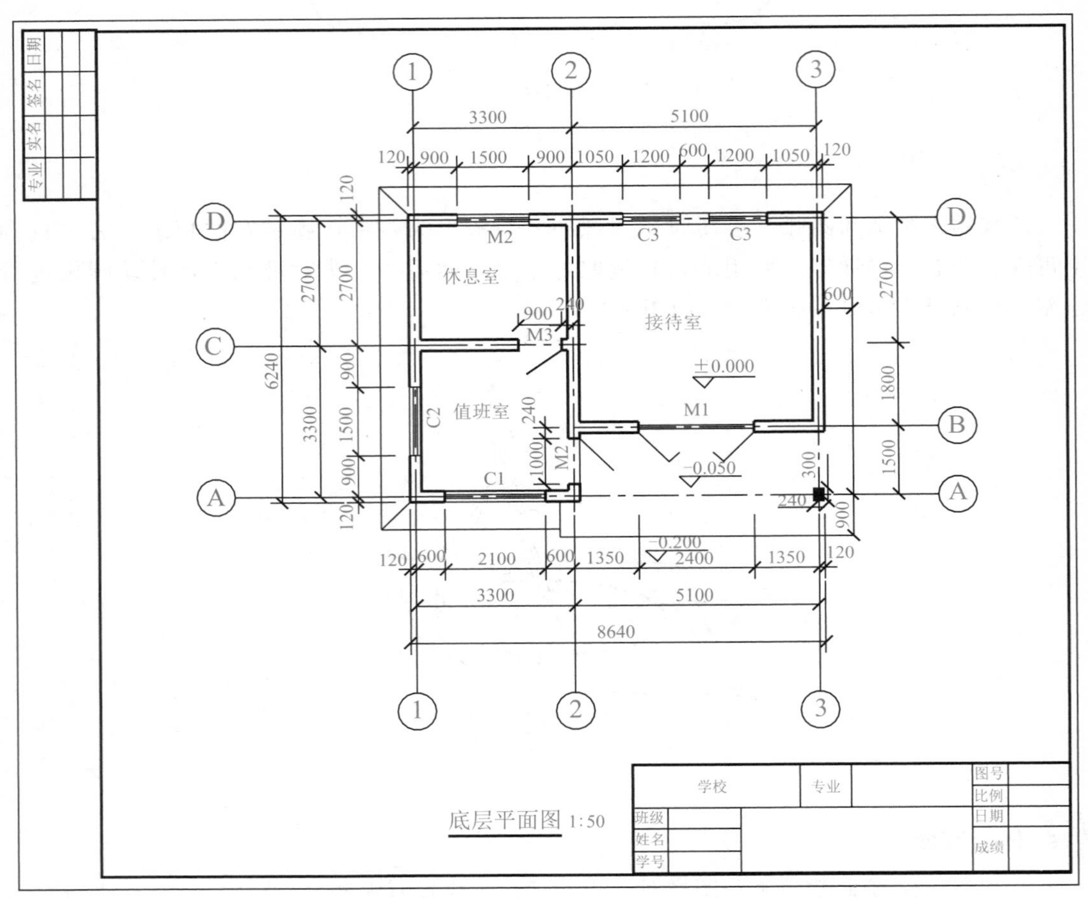

图 2-1-6

思考：

1. 标准的平面图(图 2-1-6)应画在哪里？
2. 平面图外的图框由哪些要素组成？有哪些类型？
3. 平面图上的线有哪些种类？
4. 不同种类的线用在哪些地方？

知识链接

一、图纸的幅面规格

1. 图纸图幅

图纸图幅也就是图纸的大小，图纸的幅面有 A0、A1、A2、A3、A4 五种规格，各种图纸幅面尺寸、图框尺寸都有明确的规定，具体见表 2-1-1，表中 b 及 l 分别表示图幅的短边及长边的尺寸，a 与 c 分别表示图框线到图纸边线的距离。其中 a 距离为装订边，c 距离可根据不同图纸幅面直接查表 2-1-1。

表 2-1-1　图纸幅面及图框尺寸

mm

尺寸代号＼幅面代号	A0	A1	A2	A3	A4
$b\times l$	841×1189	594×841	420×594	297×420	210×297
c	10			5	
a	25				

短边作为水平边使用的图幅称为立式图幅，长边作为水平边使用的图幅称为横式图幅。图纸的短边一般不应加长，长边可加长。

立式图幅应按图 2-1-7 的形式布置。

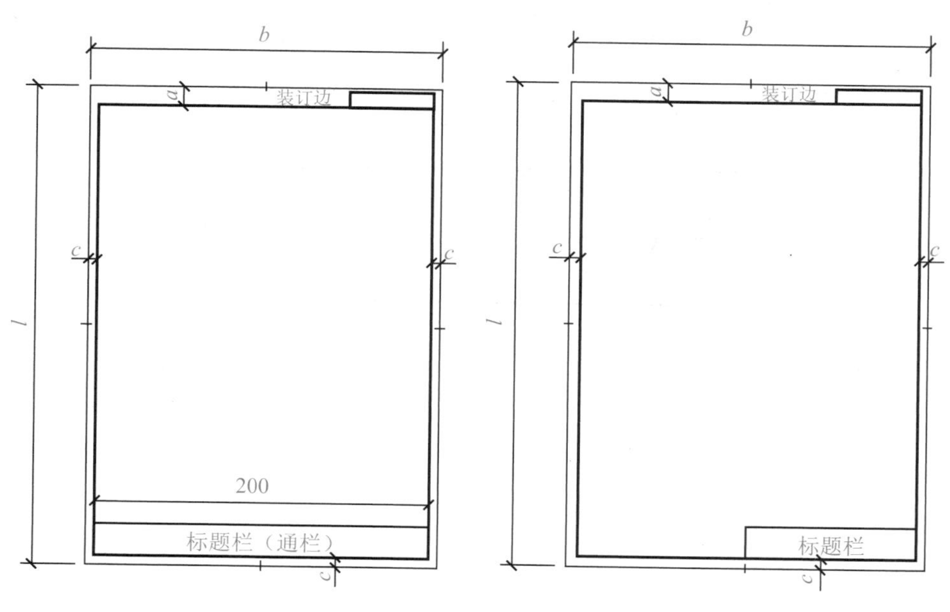

图 2-1-7

横式图幅应按图 2-1-8 的形式布置。

单项工程设计中每个专业所用的图纸一般不宜多于两种幅面，其中不含目录及表格所采用的 A4 幅面。

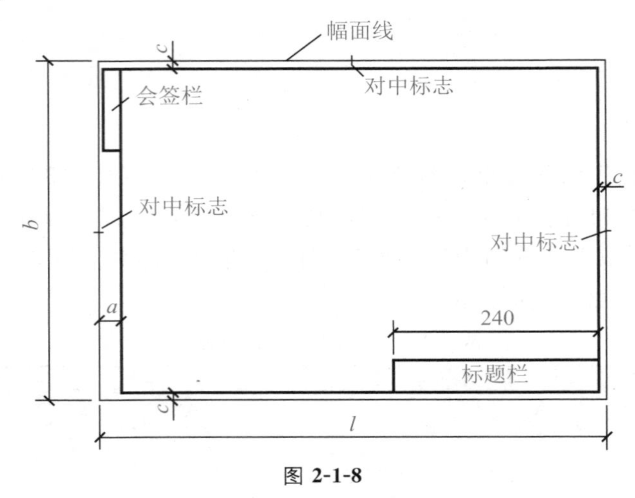

图 2-1-8

2. 图框规格

每张图样都要画出图框，图框线用粗实线绘制。

3. 标题栏

标题栏也称图标，是用来说明图样内容的专栏。标题栏画在图纸的右下角，制图作业的标题栏可参照图 2-1-9 的格式绘制。

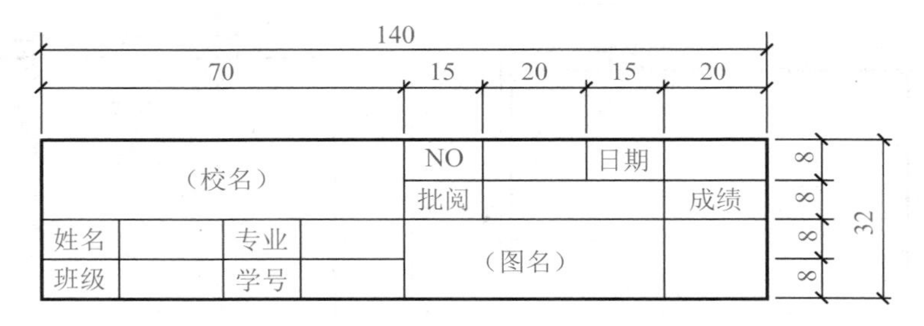

图 2-1-9

二、图线规定

在建筑工程制图中，为了更好地表达工程图样中不同的内容，使图面主次分明，层次清楚，必须用不同的线型和线宽来表示。

1. 线型与线宽

建筑工程制图中的线型有实线、虚线、单点划线、双点划线、折断线和波浪线等多种类型，并把其分成粗、中、细三种不同的线宽。建筑工程制图中用不同的线型和线宽来表达工程图样中不同的内容，各种线型与线宽的选择和用途见表 2-1-2。

表 2-1-2　线型与线宽的选择和用途

图线名称		线型	线宽	用途
实线	粗		b	①主要可见轮廓线 ②建筑平面图中墙线等主要构件断面的轮廓线 ③建筑立面图中的外轮廓线 ④剖面图和详图中主要构件的断面轮廓线和外轮廓线 ⑤建筑总平面图中新建建筑物的可见轮廓线
	中		$0.5b$	①建筑平面图、立面图、剖面图中的可见轮廓线 ②建筑总平面图中新建道路、桥梁、围墙等其他设施可见轮廓线和区域划分线 ③尺寸的起止符号
	细		$0.25b$	①建筑总平面图中新建人行道、草坪、花坛等可见轮廓线，原有建筑物、道路等可见轮廓线 ②图例线、索引符号、尺寸线、尺寸界线、引出线、标高符号等
虚线	粗		b	新建建筑物的不可见轮廓线
	中		$0.5b$	①一般不可见轮廓线 ②总平面图中计划扩建的建筑物、道路等设施的可见轮廓线
	细		$0.25b$	①中心线、对称线 ②总平面图上原有建筑物和道路、桥梁等设施的不可见轮廓线 ③图例线
点划线	粗		b	见各专业制图标准
	中		$0.5b$	见各专业制图标准
	细		$0.25b$	中心线、对称线、定位轴线
双点划线	粗		b	见各专业制图标准
	中		$0.5b$	见各专业制图标准
	细		$0.25b$	见各专业制图标准
折断线			$0.25b$	断开界线，用以表示假想折断的边缘
波浪线			$0.25b$	断开界线，用以表达构造层次的断开

2. 图线画法

在同一张工程图样中，采用同一个线宽组。虚线、单点划线及双点划线的线段长度和间隔应各自大致相等。

互相平行的图线，其间隙不宜小于粗实线的宽度，其最小距离不得小于 0.7 mm。

绘制圆的对称中心线时，圆心应为线段交点。单点划线及双点划线的起止端应是线段而不是点。

较小的图形上绘制单点划线及双点划线有困难时，可用细实线代替。

形体的定位轴线、对称中心线、折断线等，应超出轮廓线 2～5 mm。

三、字体

建筑制图中图样和文字说明等汉字，宜采用长仿宋体书写，且必须符合国家正式公布的《汉子简化方案》和有关规定。文字(汉字、数字、字母)的字号以字体的高度(单位：mm)表示，宽度和高度关系应符合表 2-1-3 的规定，大标题、图册封面、地形图等的汉字，也可写成其他字体，但必须容易辨认。图样中常用 10、7、5 三号，汉字高度不应小于 3.5 mm。

表 2-1-3　长仿宋体字高宽关系　　mm

字高(字号)	20	14	10	7	5	3.5
字宽	14	10	7	5	3.5	2.5

任务实施

动一动：1. 将 A0 号图纸分割成一张 A1 号图纸，一张 A2 号图纸，一张 A3 号图纸，两张 A4 号图纸，保管好以备后用。

2. 在选定的一张 A3 号图纸上绘制横式的图框线。

3. 绘制标题栏、会签栏。

练一练：练习图 2-1-10 所示的图线，绘制在 A4 图纸上，竖放。要求：正确使用制图仪器和工具，布图均匀、线型分明、符合标准、图面整洁。

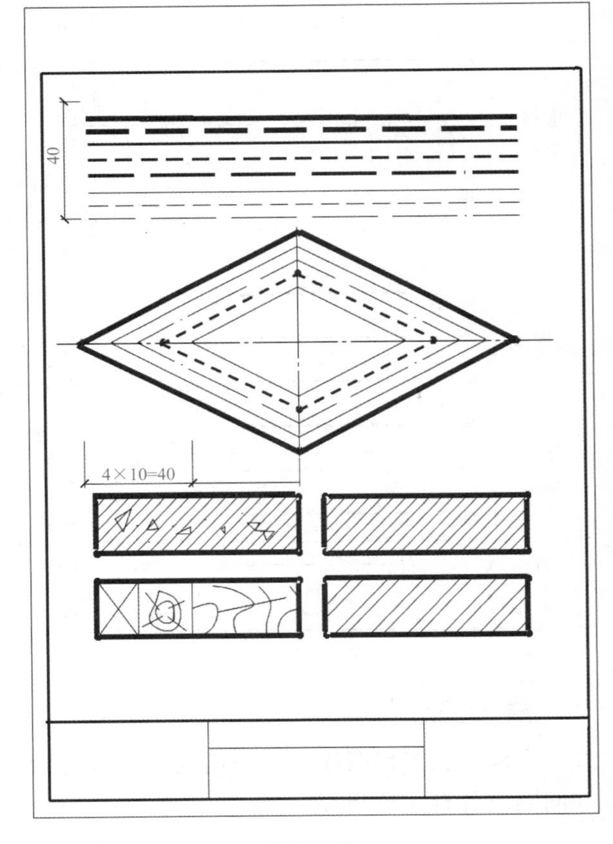

图 2-1-10

写一写：抄写下列仿宋字。

建筑制图民用房屋东南西北方向平立剖面设计说明基

基墙柱梁挡板楼梯框架承重结构门窗阳台雨篷勒脚散

坡洞沟槽材料钢筋水泥砂石混凝土砖木灰浆给排水暖

填一填：1. 图样中的汉字宜用________书写，汉字的高度应不小于________，其字体高度与宽度的比值为________，即字宽约为字高的________。写仿宋字的四个要领是________、________、________、________。

2. 数字的字体分________体和________体两种，当与汉字混写时，宜写成________体，其高度不应小于________。

3. 在建筑工程图样中，表示数量的数字应用________书写，计量单位应符合国家颁布的有关规定。例如，三千九百毫米应写成________。

任务拓展

找一找：找出图 2-1-11 建筑平面图中包含的图线。各用在何处？

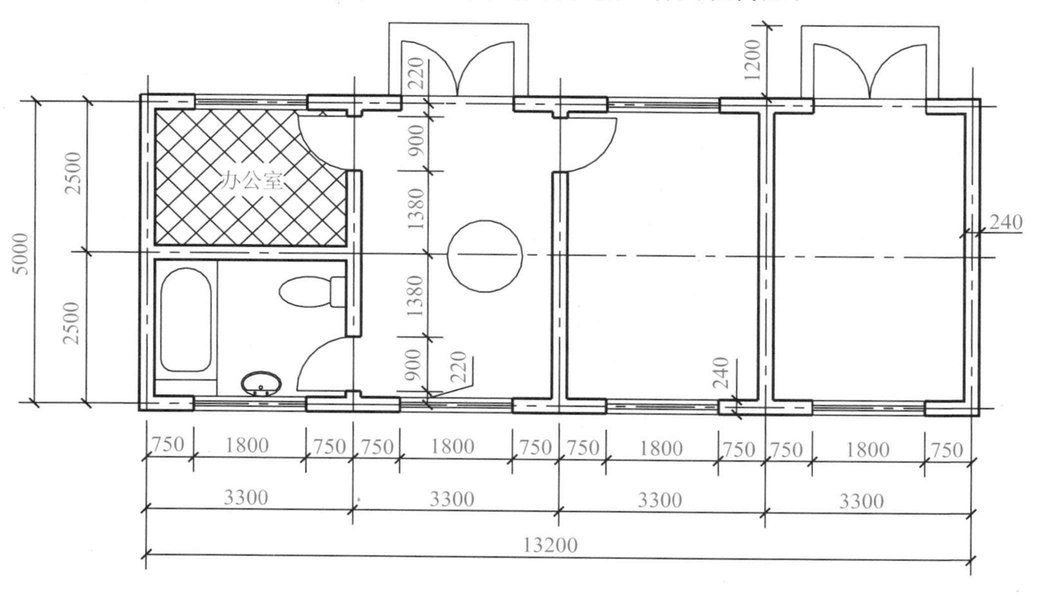

图 2-1-11

任务 3　建筑符号

 任务导入

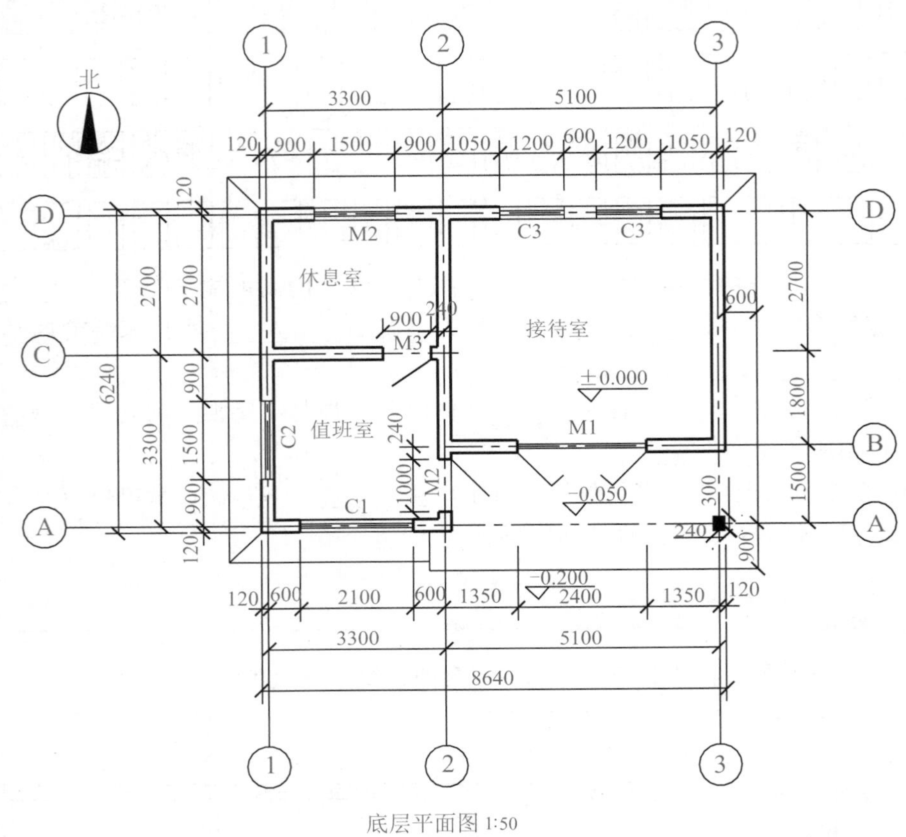

底层平面图 1:50

图 2-1-12

思考：

1. 绘图中如何表达建筑的实际大小？
2. 图 2-1-12 中有哪些你不知道的符号？
3. 图 2-1-12 中左上角的符号代表什么含义？
4. 图 2-1-12 中三角形的符号表示什么？

知识链接

一、尺寸标注

1. 尺寸标注的组成

图样上的尺寸，一般包括尺寸界线、尺寸线、尺寸起止符号和尺寸数字，如图 2-1-13 所示。

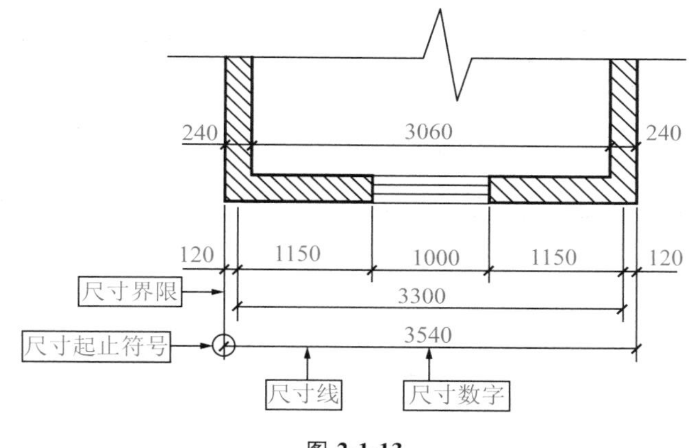

图 2-1-13

2. 尺寸的排列

在建筑标注中，尺寸宜标注在图样的轮廓线以外，互相平行的尺寸线，应从被标注的图样轮廓线由近及远整齐排列，小尺寸靠近图样，大尺寸远离图样，如图 2-1-14 所示。

图样轮廓线以外的尺寸界线，距离图样最外轮廓线的距离不小于 10 mm。平行排列的尺寸线的间距，宜为 7～10 mm，并应保持一致。

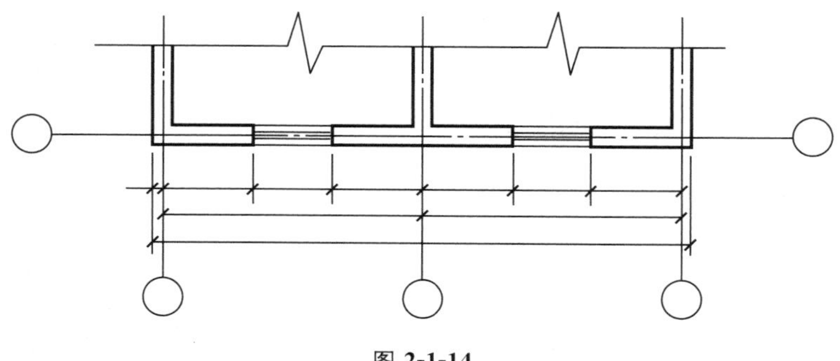

图 2-1-14

3. 半径和直径的标注

半径的尺寸应一端从圆心开始，另一端画箭头指向圆弧。半径数字前面应标注半径符号“*R*”，如图 2-1-15 所示。

直径的尺寸在圆内标注，尺寸线应通过圆心，两端画箭头指向圆弧，如图 2-1-16 所示。

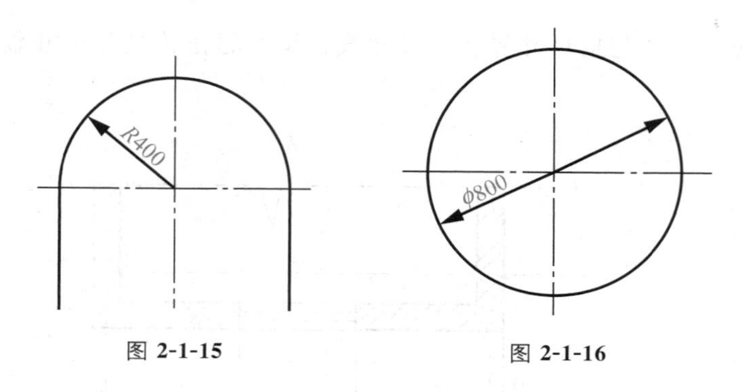

图 2-1-15　　图 2-1-16

4. 坡度的标注

坡度标注时，应注坡度符号“ ”，该符号为单面箭头，箭头应指向下坡方向，如图 2-1-17(a)所示。坡度也可用直角三角形形式表示，如图 2-1-17(b)所示。

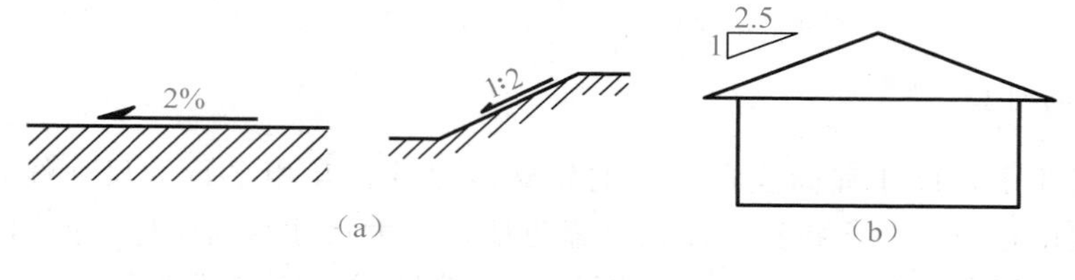

图 2-1-17

二、定位轴线

定位轴线是用于表示建筑承重构件(墙、柱、梁)的相对位置，便于施工时定位放线和确定墙体各个构件之间关系的基准线。

三、定位轴线编号

定位轴线编号应注写在轴线端部的圆内，圆应用细实线绘制，直径为 8～10 mm。定位轴线圆的圆心应在定位轴线的延长线上或延长线的折线上。

定位轴线编号宜标注在图样的四周。横向的定位轴线编号，应用阿拉伯数字，从左到右的顺序编写。竖向的定位轴线编号，应用大写的拉丁字母，从下到上的顺序编写。大写拉丁字母中的 I、O、Z 不得作为轴线的编号，如图 2-1-18 所示。

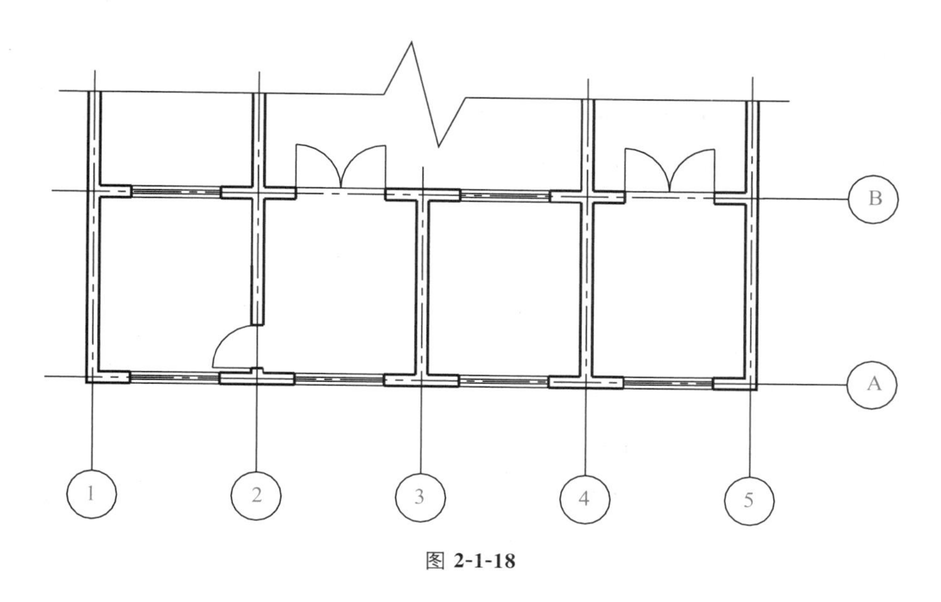

图 2-1-18

四、附加定位轴线编号

附加定位轴线编号应用分数形式表示：两根轴之间的附加轴线，分母表示前一轴线的编号，分子表示附加轴线的编号，编号宜用阿拉伯数字顺序编写。1 号轴线或 A 号轴线之前的附加轴线的分母应以 01 或 0A 表示，如图 2-1-19 所示。

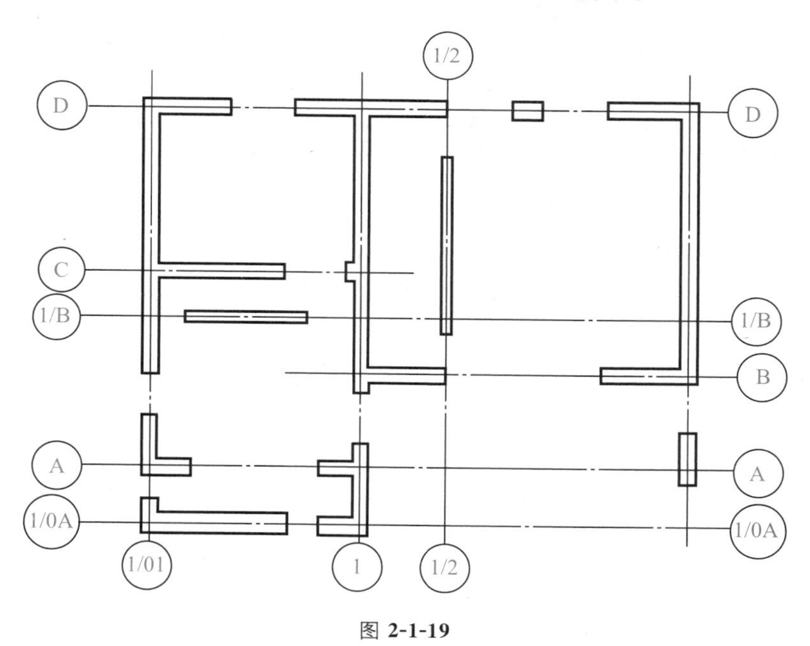

图 2-1-19

五、建筑标高

平面图中应标注不同楼层地面高度(装修后的完成面标高)，底层应标注室外地坪等标高。标高的标注样式如图 2-1-20 所示。

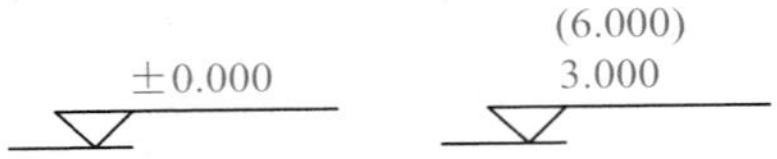

±0.000　　(6.000)
3.000

图 2-1-20

六、指北针

指北针用于确定建筑物的朝向。细线绘制圆形，圆形内绘制一个箭头，指针部应标注“北”或“N”字样。指北针的样式如图 2-1-21 所示。

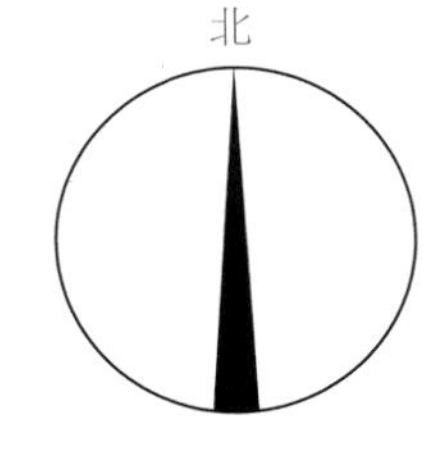

图 2-1-21

任务实施

绘一绘：1. 补齐图 2-1-22 的尺寸。

2. 补齐图 2-1-22 的定位轴线编号。

3. 绘制平面图的指北针。

4. 假设该平面盥洗室的室内外高差是 450 mm，寝室外走廊和门厅的地面标高为 0.000 m，台阶每级高度为 150 mm，门厅室内外高度差为 50 mm，绘制其平面图的室内外标高。

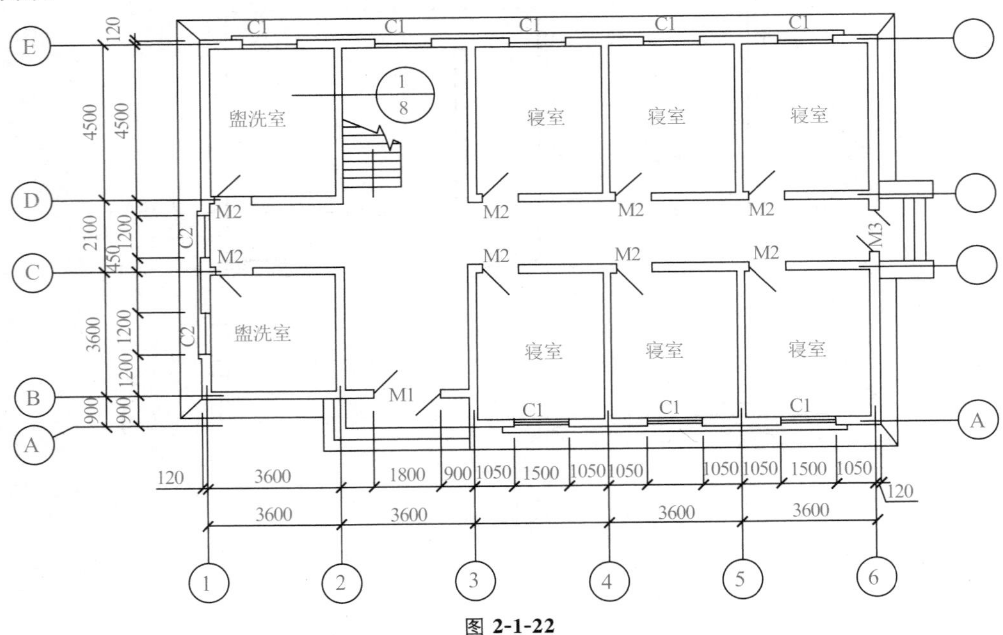

图 2-1-22

任务拓展

做一做：1. 补全图 2-1-23 中的尺寸。

2. 找一找定位轴线编号的标注有哪些错误。

3. 绘制指北针。

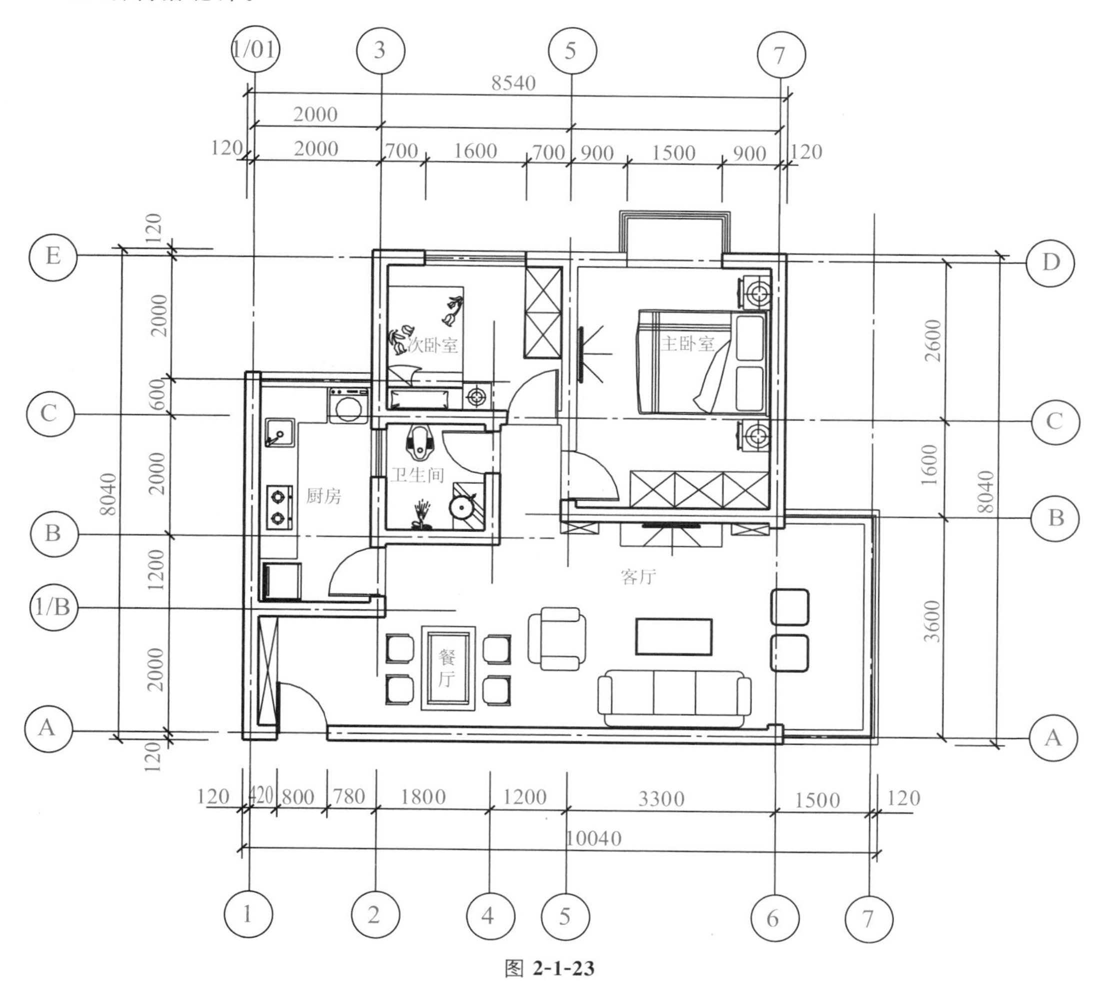

图 2-1-23

学习情境 2　建筑装饰基本知识

学习目标

1. 掌握建筑装饰符号的基本知识。

2. 掌握建筑装饰图例的基本知识。

情境描述

建筑装饰图是在建筑图样的基础上，用一些符号来表达建筑装饰的设计。本学习情境通过两个任务来学习建筑装饰的基本知识，认识建筑装饰设计中所用的各类符号，认识建筑装饰设计所需的图例。

任务1　建筑装饰符号

任务导入

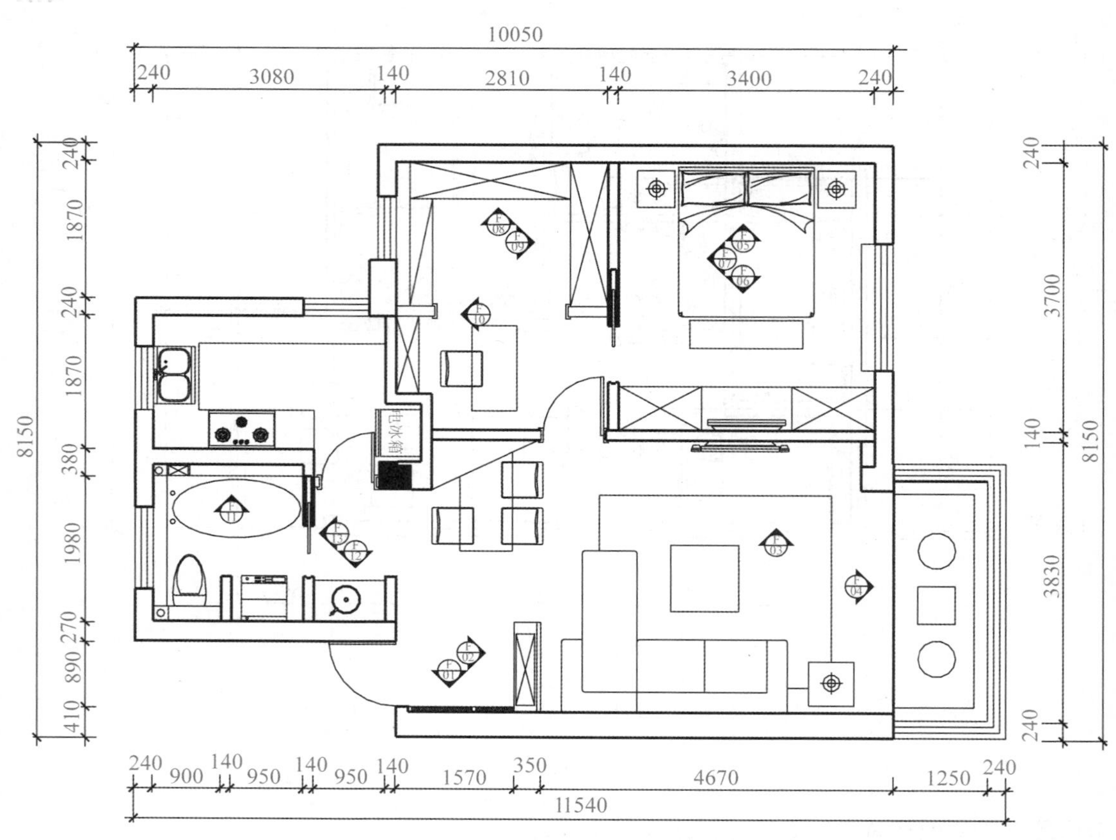

图 2-2-1

思考：

1. 图 2-2-1 中三角形的符号表示什么？
2. 图 2-2-1 圆圈内的数字表达什么含义？
3. 如何表达室内的空间？
4. 室内各个表面的材质用什么符号注释和表达？

知识链接

一、立面索引符号

立面索引符号表示室内立面在平面上的位置及立面图所在图样编号。立面索引符号应在平面图上注明视点的位置、方向及立面编号，如图 2-2-2 所示。

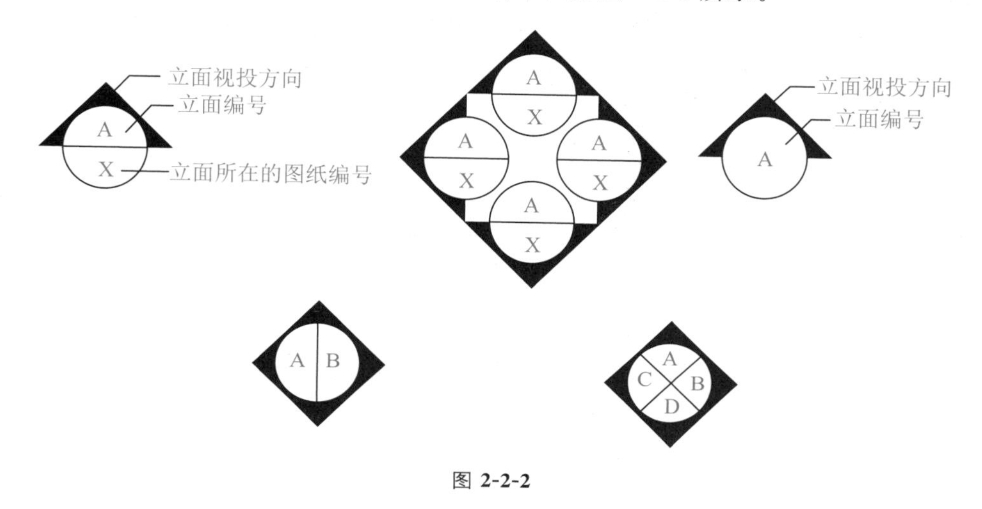

图 2-2-2

二、立面索引符号的画法

立面索引符号应由圆圈、水平直径组成，且圆圈及水平直径应以细实线绘制。根据图面比例，圆圈直径可选择 8～10 mm。圆圈内应注明编号及索引图所在页码。立面索引符号应附以三角形箭头，且三角形箭头方向应与投射方向一致，圆圈中数字及字母的方向保持不变。

三、引出线

引出线用于注明表面的材质等，引出线的起止符号可采用圆点绘制。起止符号的大小应与相应图样尺寸比例相协调。

引出线宜采用直线，不宜采用曲线，如图 2-2-3 所示。

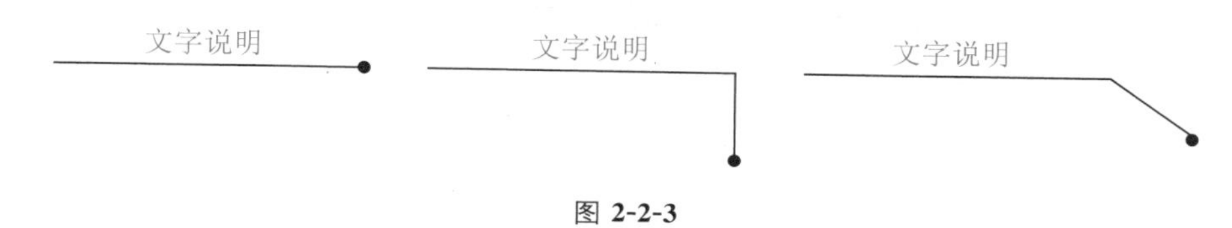

图 2-2-3

引出线同时引出几个相同部分时，各引出线应互相平行，如图 2-2-4 所示。

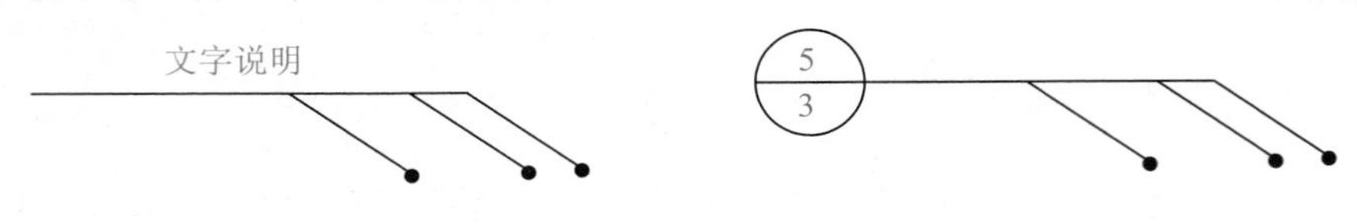

图 2-2-4

多层构造引出线，必须通过被引的各层，并保持垂直方向。文字说明的次序，应与构造层次一致，一般由上而下，由左到右，如图 2-2-5 所示。

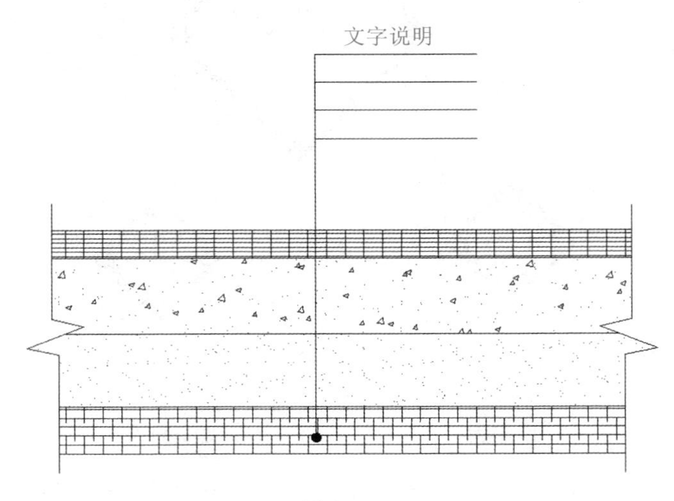

图 2-2-5

任务实施

做一做：1. 在图 2-2-6 中绘制立面索引符号。

(1)绘制表达主卧室四周的立面索引符号。

(2)绘制客厅的东立面索引符号。

(3)绘制次卧西面和北面的立面索引符号。

2. 在图 2-2-7 中用引出线标注客厅立面的材质。

(1)踢脚线为白色实木。

(2)门框为白色实木。

(3)电视背景为壁纸。

(4)电视柜为烤漆板材。

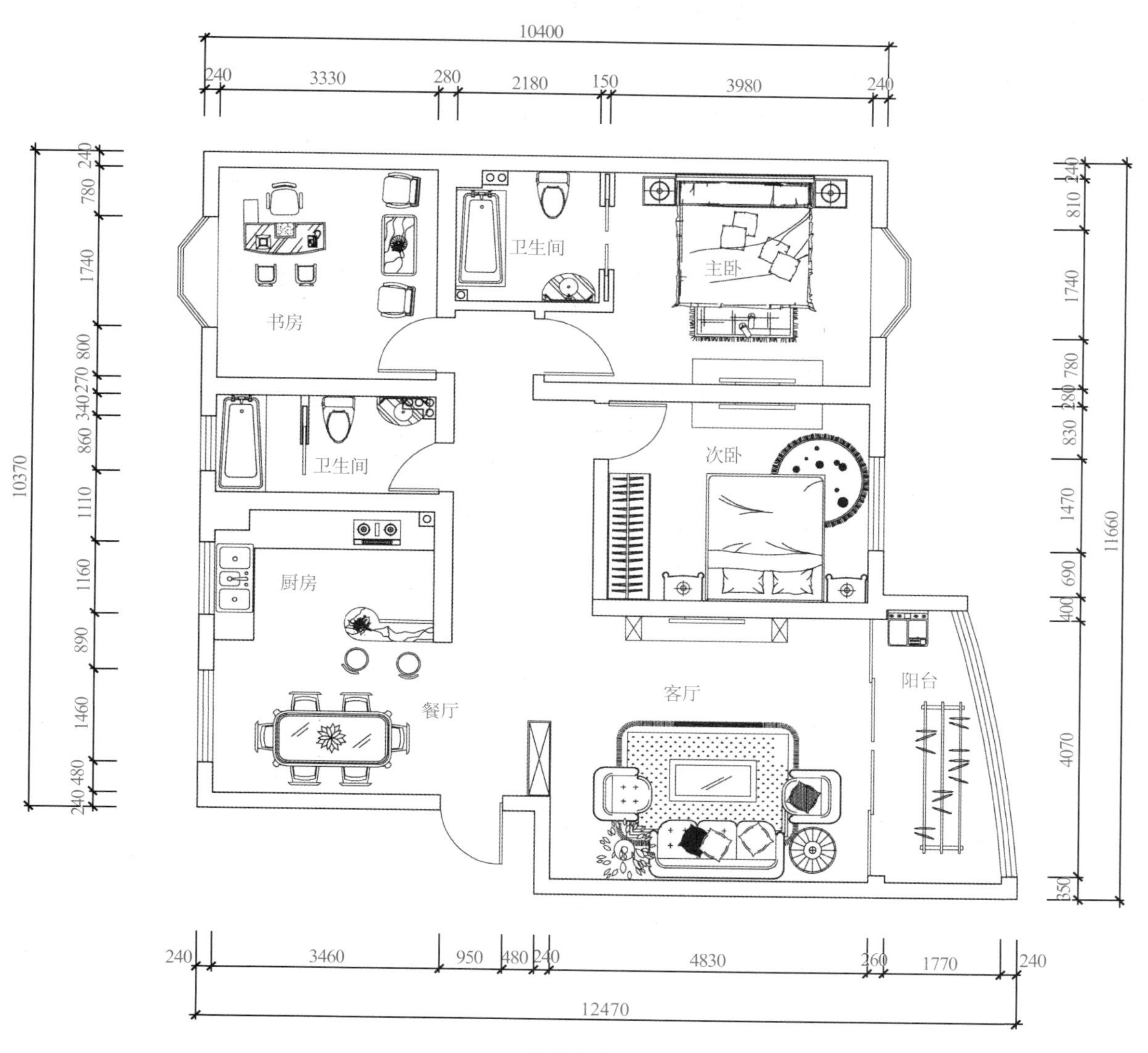
10400
240
3330
280
2180
150
3980
240
书房
卫生间
主卧
卫生间
次卧
厨房
餐厅
客厅
阳台
10370
11660
3460
950
480
240
4830
260
1770
240
12470

图 2-2-6

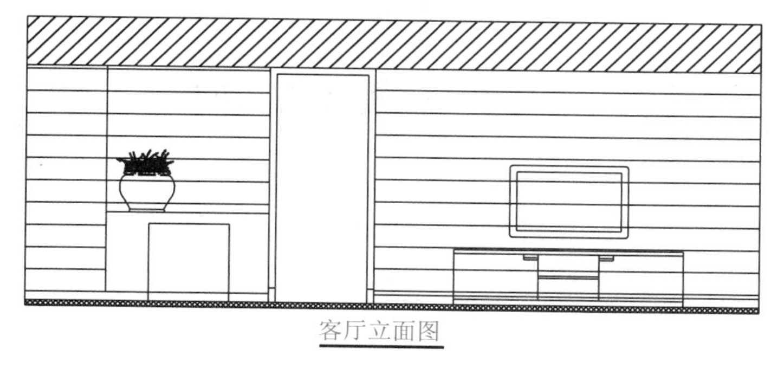
客厅立面图

图 2-2-7

任务拓展

练一练：解释图 2-2-8 中立面索引符号所表达的内容。

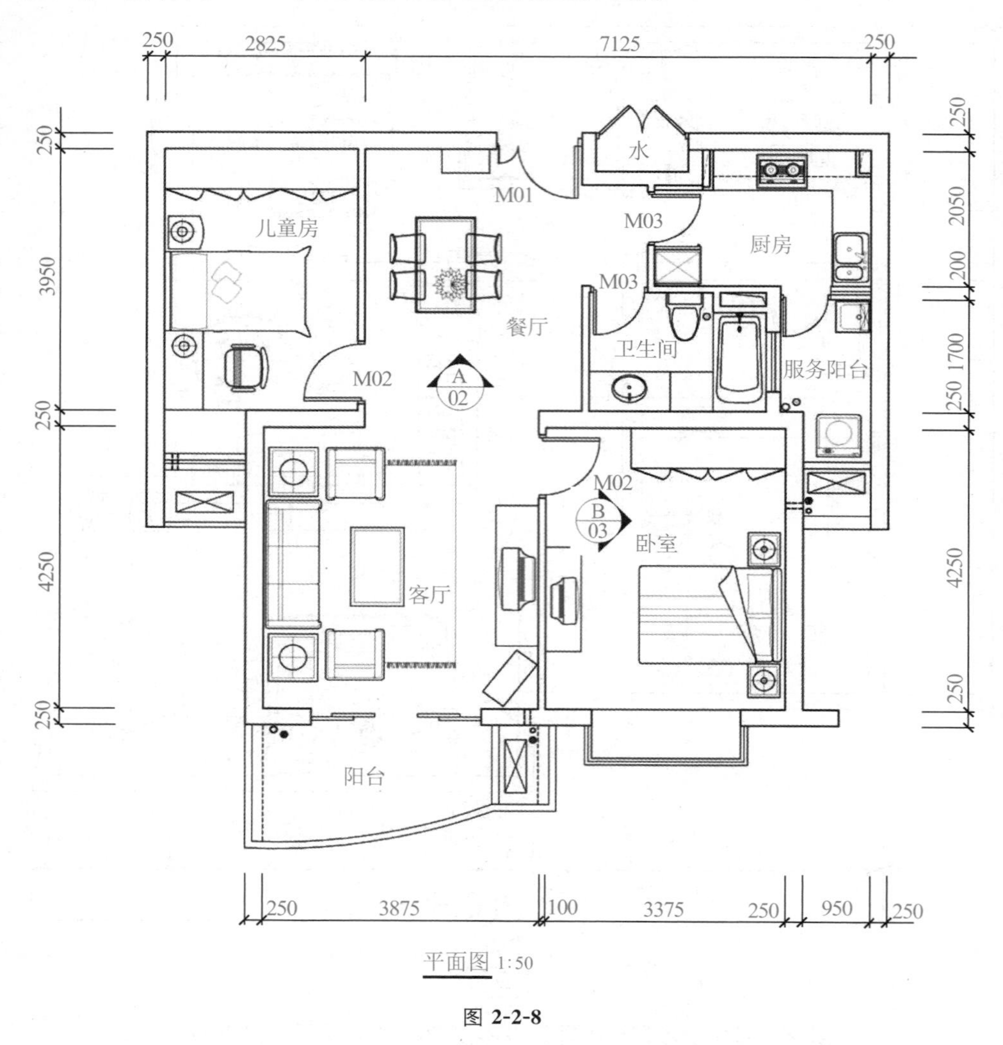

图 2-2-8

任务 2　建筑装饰图例

任务导入

思考：

1. 如何绘制材料对应的图例？
2. 如何表达室内家具？

3. 如何表达室内卫生间洁具和厨房间用具？

4. 如何表达室内电器和设备等？

知识链接

一、常用房屋建筑室内装饰装修材料图例

常用房屋建筑室内装饰装修材料图例见表 2-2-1。

表 2-2-1　常用房屋建筑室内装饰装修材料图例

序号	名称	图例	备注
1	自然土壤		包括各种自然土壤
2	夯实土壤		
3	砂、灰土		靠近轮廓线绘较密的点
4	砂砾石、碎砖三合土		
5	石材		
6	毛石		
7	普通砖		包括实心砖、多孔砖、砌块等砌体。断面较窄不易绘出图例线时，可涂红
8	耐火砖		包括耐酸砖等砌体
9	空心砖		指非承重砖砌体
10	饰面砖		包括铺地砖、马赛克、陶瓷锦砖、人造大理石等
11	焦渣、矿渣		包括与水泥、石灰等混合而成的材料
12	混凝土		(1)本图例指能承重的混凝土及钢筋混凝土 (2)包括各种强度等级、骨料、添加剂的混凝土 (3)在剖面图上画出钢筋时，不画图例线 (4)断面图形小，不易画出图例线时，可涂黑
13	钢筋混凝土		
14	多孔材料		包括水泥珍珠岩、沥青珍珠岩、泡沫混凝土、非承重加气混凝土、软木、蛭石制品等
15	纤维材料		包括矿棉、岩棉、玻璃棉、麻丝、木丝板、纤维板等
16	泡沫塑料材料		包括聚苯乙烯、聚乙烯、聚氨酯等多孔聚合物类材料

续表

序号	名称	图例	备注
17	木材	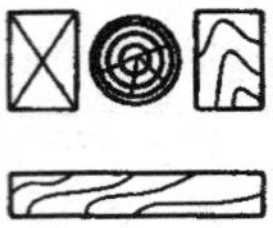	(1)上图为横断面，上左图为垫木、木砖或木龙骨 (2)下图为纵断面
18	胶合板		应注明胶合板层数
19	石膏板	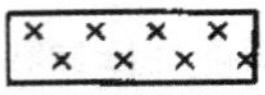	包括圆孔、方孔石膏板，防水石膏板等
20	金属		(1)包括各种金属 (2)图形小时，可涂黑
21	网状材料		(1)包括金属、塑料网状材料 (2)应注明具体材料名称
22	液体	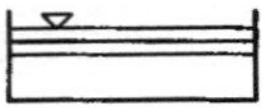	应注明具体液体名称
23	玻璃		包括平板玻璃、磨砂玻璃、夹丝玻璃、钢化玻璃、中空玻璃、加层玻璃、镀膜玻璃等
24	橡胶		
25	塑料		包括各种软、硬塑料及有机玻璃等
26	防水材料		构造层次多或比例大时，采用上面图例
27	粉刷		本图例采用较稀的点

二、常用家具图例

常用家具图例见表 2-2-2。

表 2-2-2　常用家具图例

序号	名称		图例
1	沙发	单人沙发	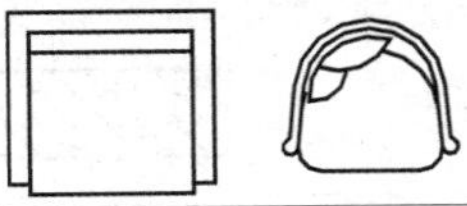
		双人沙发	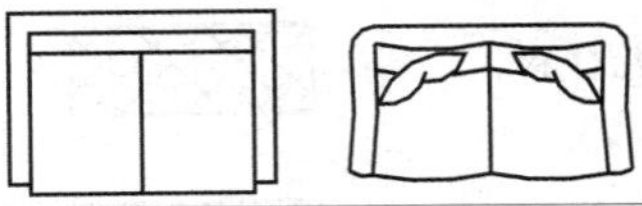
		三人沙发	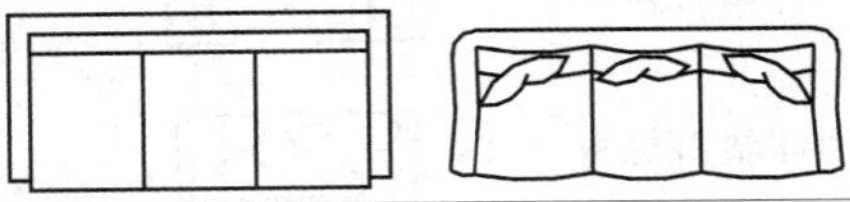

续表

序号	名称		图例
2	办公桌		
3	椅	办公椅	
		休闲椅	
		躺椅	
4	床	单人床	
		双人床	
5	橱柜	衣柜	
		低柜	
		高柜	

三、常用电器图例

常用电器图例见表 2-2-3。

表 2-2-3　常用电器图例

序号	名称	图例
1	电视	TV
2	冰箱	REF
3	空调	A F
4	洗衣机	W M
5	饮水机	WD
6	计算机	PC
7	电话	

四、常用厨具图例

常用厨具图例见表 2-2-4。

表 2-2-4　常用厨具图例

序号	名称		图例
1	灶头	单灶头	
		双灶头	

续表

序号	名称		图例
1	灶头	三灶头	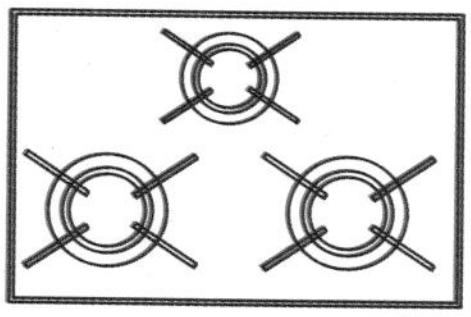
		四灶头	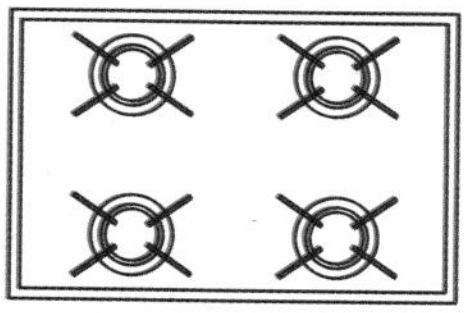
2	水槽	单盆	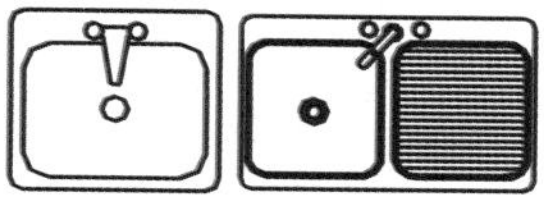
		双盆	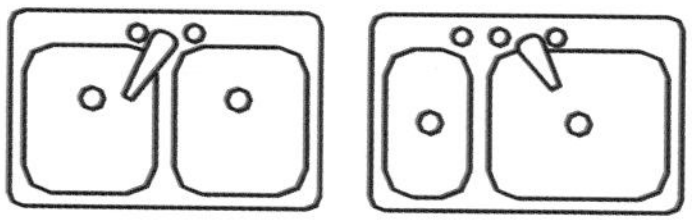

五、常用洁具图例

常用洁具图例见表 2-2-5。

表 2-2-5　常用洁具图例

序号	名称		图例
1	大便器	坐式	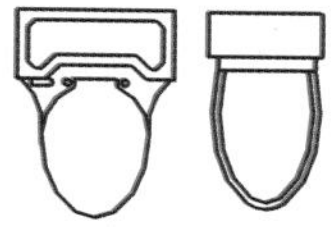
		蹲式	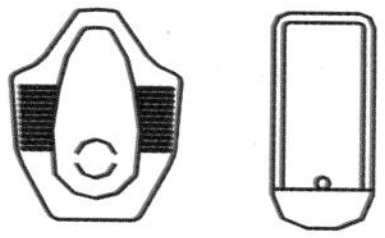
2	小便器		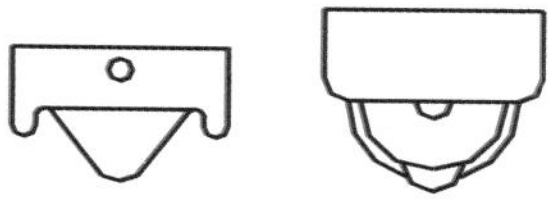

续表

序号	名称		图例
3	台盆	立式	
		台式	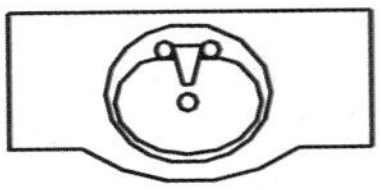 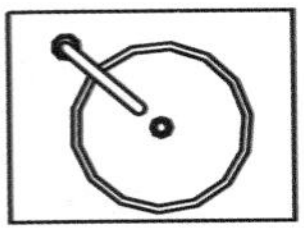
		挂式	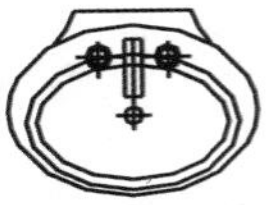
4	污水池		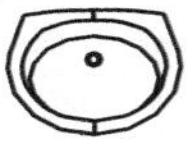 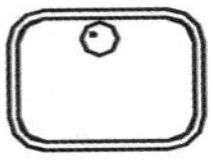
5	浴缸	长方形	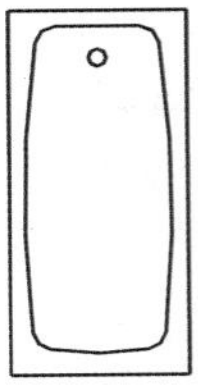 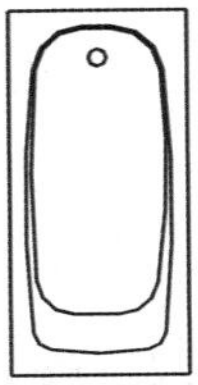
		三角形	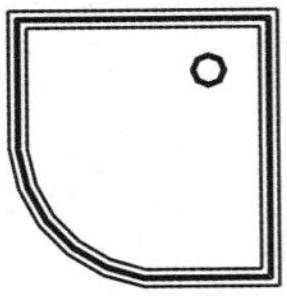 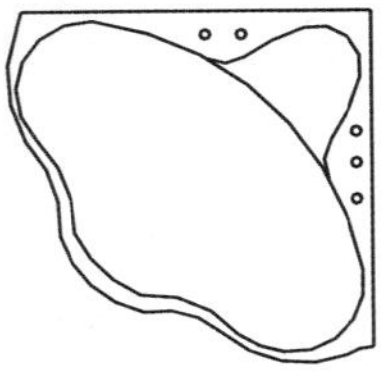
6	淋浴房		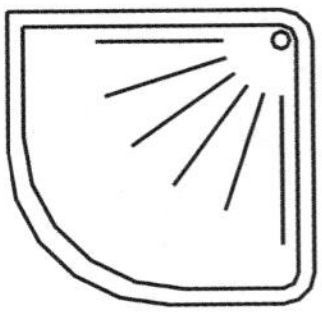 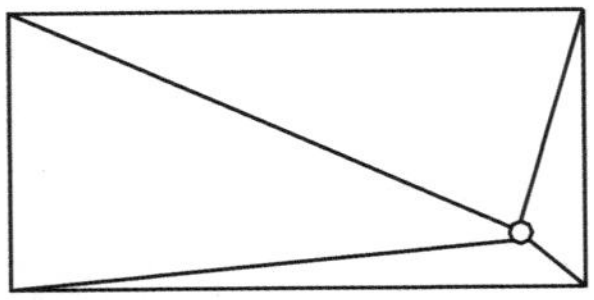

六、常用灯光照明图例

常用灯光照明图例见表 2-2-6。

表 2-2-6　常用灯光照明图例

序号	名称	图例
1	艺术吊灯	
2	吸顶灯	
3	筒灯	
4	射灯	
5	轨道射灯	
6	暗藏灯带	
7	壁灯	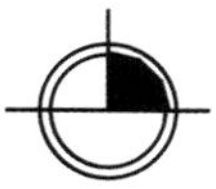
8	台灯	
9	落地灯	
10	下吊日光灯	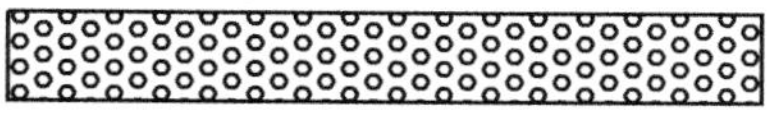

七、常用设备图例

常用设备图例见表 2-2-7。

表 2-2-7　常用设备图例

序号	名称	图例
1	送风口	（条形）
		（方形）
2	回风口	（条形）
		（方形）
3	排气扇	
4	安全出口	EXIT
5	消防自用喷淋头	
6	感温探测器	
7	感烟探测器	S
8	室内消火栓	

八、常用开关、插座图例

常用开关、插座图例见表 2-2-8。

表 2-2-8　常用开关、插座图例

序号	名称	图例	序号	名称	图例
1	(电源)插座		7	单联单控开关	
2	三个插座		8	双联单控开关	
3	单相二、三极电源插座		9	三联单控开关	
4	电接线箱	J	10	按钮	
5	网络插座	C	11	配电箱	AP
6	有线电视插座	TV			

任务实施

练一练：1. 写出下列图例的名称。

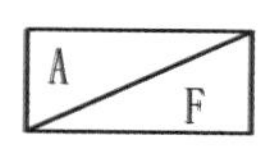

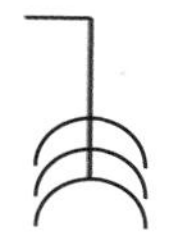

2. 画出钢筋混凝土、饰面砖、木材、塑料、防水材料、普通砖的图例。

任务拓展

做一做：将学生分成小组，每个小组选择一种类型的图例，绘制在卡片上。卡片的正面绘制图例，反面注明图例的名称。

学习情境3 绘制门和标高

学习目标

1. 掌握 AutoCAD 编辑命令的使用方法。
2. 掌握常见的 900 mm 平开门的绘制方法。
3. 掌握 2400 mm 推拉门的绘制方法。
4. 掌握建筑标高的绘制方法。

情境描述

门在建筑装饰平面图中起着重要的作用，在装饰设计中，室内主要有平开门和推拉门两种形式。通过本情境的学习，学生将学会运用简单的 AutoCAD 编辑命令来绘制室内平开门和推拉门。

任务1 绘制平开门

任务导入

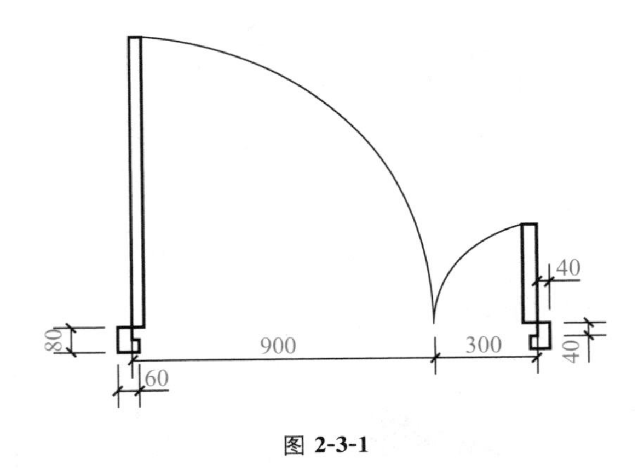

图 2-3-1

思考：

1. 如图 2-3-1 所示，你见过这种门吗？能说出它的名字吗？
2. 图 2-3-1 所示是由两扇大小不同的平开门组成的，绘制平开门用哪些命令呢？
3. 绘图命令快捷键的使用方法是什么？
4. 如何绘制弧线？

知识链接

门扇的宽度与门洞的宽度相等，这样才能使门正好关上，门板的厚度通常为 40 mm。

平开门有往内和往外开两种方式，绘图时需要通过弧线表达门的开启方向。门扇的开启轨迹，应该以门扇的右下角为轴心进行绘制。

任务实施

本任务需绘制 900 mm 单扇平开门，如图 2-3-2 所示。

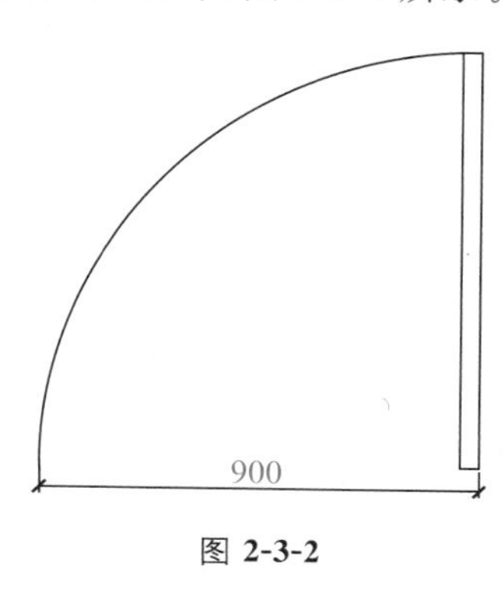

图 2-3-2

一、绘制门扇

执行矩形命令(REC)，鼠标左键单击屏幕，输入 D，输入长度或厚度 40，宽度 900，单击屏幕右上角。具体操作如下。

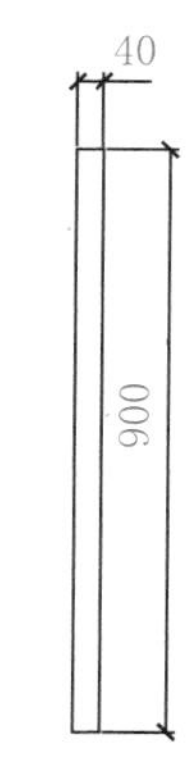

图 2-3-3

```
命令：REC
RECTANG
指定第一个角点或[倒角(C)/标高(E)/圆角/(F)/厚度(T)/宽度(W)]：
指定另一个角点或[面积(A)/尺寸(D)/旋转(R)]：D
指定矩形的厚度＜40＞：40
指定矩形的宽度＜900＞：900
指定另一个角点或[面积(A)/尺寸(D)/旋转(R)]：
```

绘制结果如图 2-3-3 所示。

二、绘制开启方向

执行圆弧命令(A)，以门扇右下角为圆心，输入 C，选择圆心点，打开正交模式(F8)，绘制一个 90°的弧线，在目标点，单击鼠标左键。具体操作如下。

```
命令：A
ARC 指定圆弧的起点或 [圆心(C)]：C
指定圆弧的圆心：(矩形右下角点)
指定圆弧的起点 ：(矩形的右上角点)
指定圆弧的端点或[角度(A)/弦长(L)]：90
```

绘制结果如图 2-3-4 所示。

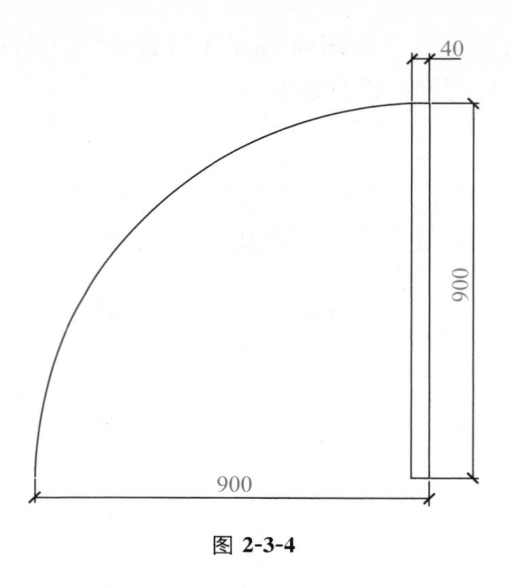

图 2-3-4

任务拓展

绘一绘：绘制如图 2-3-5 所示的 1800 mm 宽度的双扇平开门，其中门板厚度为 40 mm。

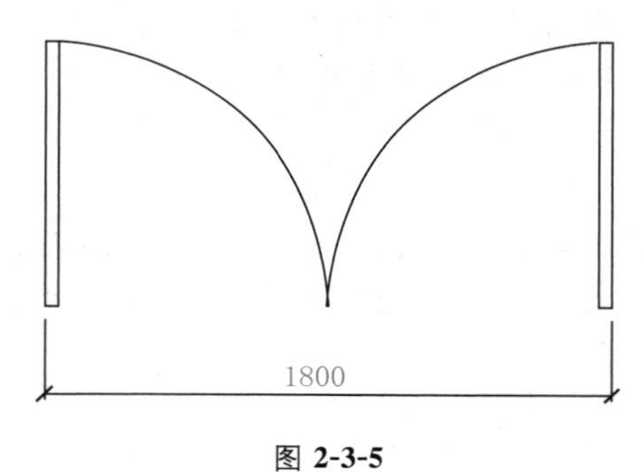

图 2-3-5

任务 2　绘制推拉门

任务导入

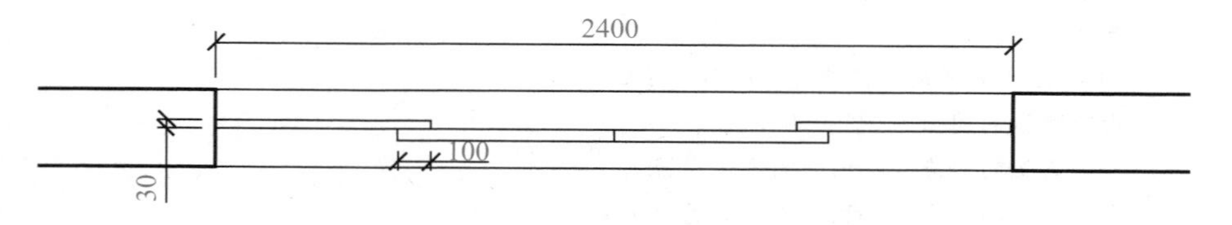

图 2-3-6

思考：

1. 推拉门(图 2-3-6)的特点是什么？
2. 推拉门和平开门的区别是什么？
3. 推拉门的绘制方法和步骤是什么？
4. 绘图命令快捷键的使用方法是什么？

知识链接

推拉门和平开门不一样，推拉门采用两面推拉的形式，一般用于卧室、更衣间等。门扇沿着轨道左右滑行来开闭。一般根据门洞的宽度，可分为单扇、双扇、四扇等。推拉门的门，门扇的厚度比平开门要窄，一般为 30 mm。本次任务为 2400 mm 的门洞，需要四扇门。

任务实施

本任务需绘制如图 2-3-6 所示的推拉门。

一、绘制推拉门门板

执行矩形命令(REC)，绘制一个 650 mm×30 mm 的矩形，如图 2-3-7 所示。

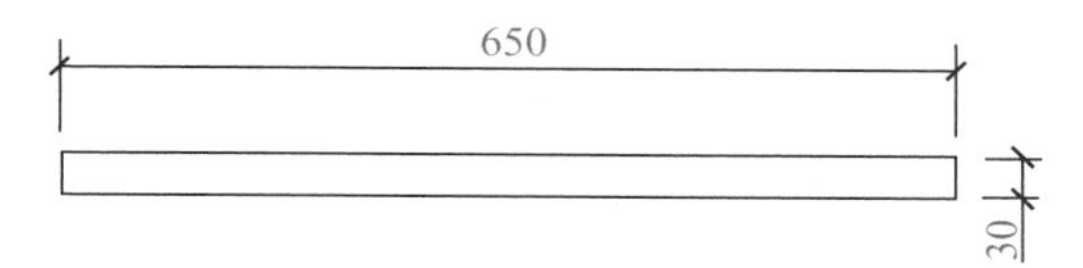

图 2-3-7

执行镜像命令(MI)，选中图形，指定镜像线(镜像线就是对称图形的对称轴)，鼠标单击矩形右边线的两个点，此时需要确认是否删除源对象(源对象指的是前面选中的对象)，输入 N，单击鼠标，如图 2-3-8 所示。

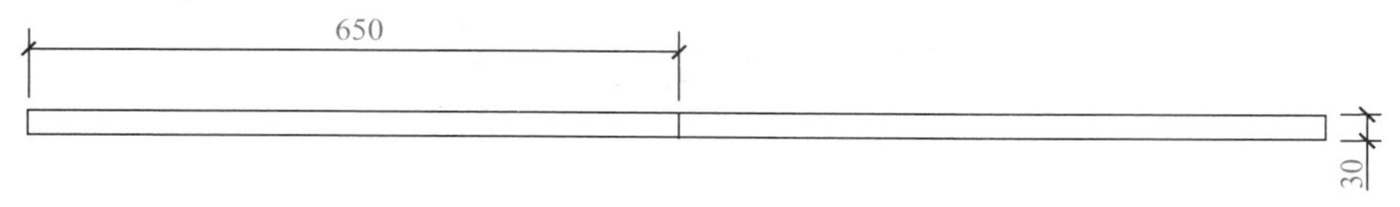

图 2-3-8

执行移动命令(M)，选中右边的门扇，单击左上角的点，鼠标往左拖动，输入 100，使得两个矩形重合 100 mm。继续执行移动命令(M)，将右边的门扇往下移动 30 mm，如图 2-3-9 所示。

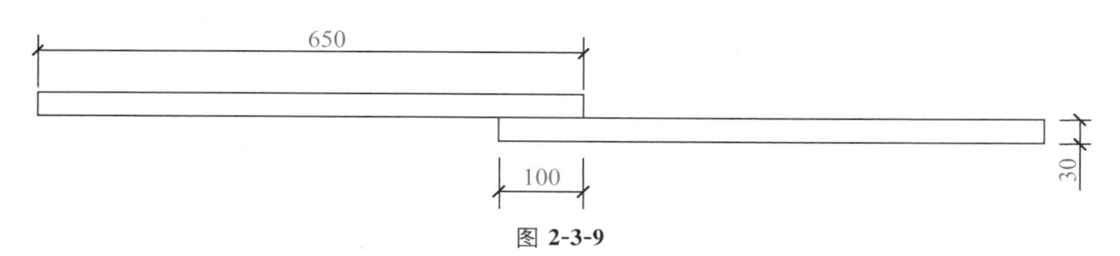

图 2-3-9

执行镜像命令(MI)，选中图形，选择最右边的边线作为镜像线，镜像出另外两扇门，如图 2-3-10 所示。

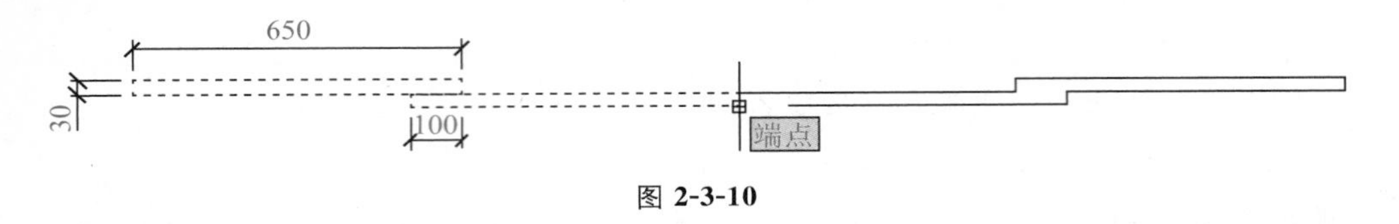

图 2-3-10

二、绘制轨道

输入移动命令(M)，将推拉门移动至墙内适当的位置。输入直线命令(L)，绘制地面的轨道可见线，如图 2-3-11 所示。

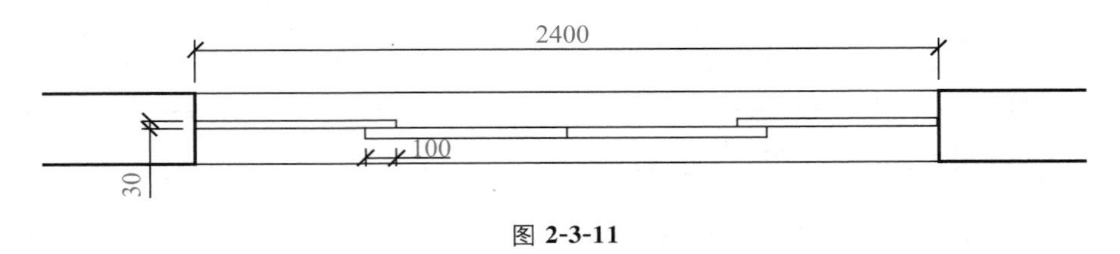

图 2-3-11

任务拓展

绘一绘：绘制总宽度 1500 mm 的推拉门，门扇宽度为 800 mm，厚度为 30 mm，重叠尺寸为 100 mm，如图 2-3-12 所示。

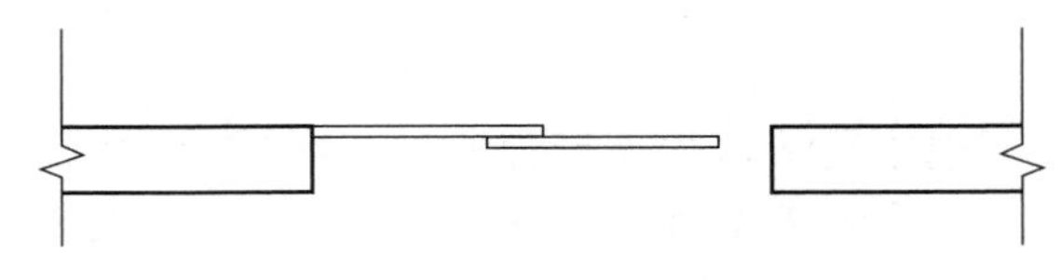

图 2-3-12

任务 3　绘制建筑标高

任务导入

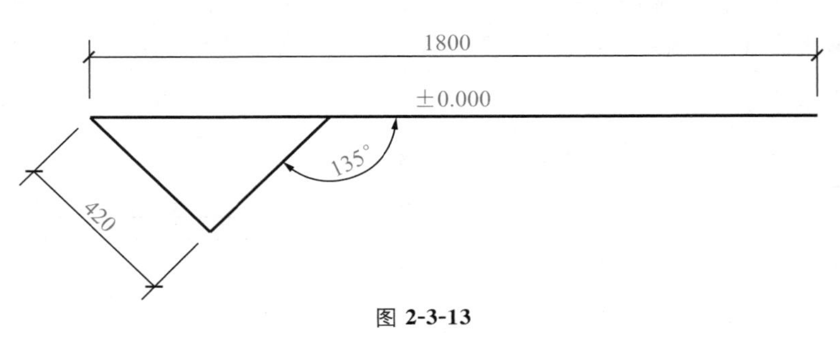

图 2-3-13

思考：

1. 如何绘制斜线和直线？
2. 如何绘制图 2-3-13 中出现的角度？
3. 如何使用绘图命令快捷键？
4. ±号如何输入？

知识链接

标高符号由直线和等腰直角三角形组成。用直线命令和正交命令绘制直线，用极轴命令绘制三角形。

正交模式下，AutoCAD 软件将直线控制在水平和垂直状态，这样可以方便地画出与 X 轴或 Y 轴平行的线。在正交模式下只能画水平和垂直的线。如果需要画其他有角度的线，只需要暂时关闭正交模式。

极轴模式可以指定角度来绘制对象。打开极轴模式，屏幕上会出现对齐的路径，可以精确定位角度。

任务实施

本任务需绘制如图 2-3-13 所示的标高。

一、绘制标高符号上部

打开正交命令，执行直线命令，取长为 1800 mm 的直线长度，如图 2-3-14 所示。

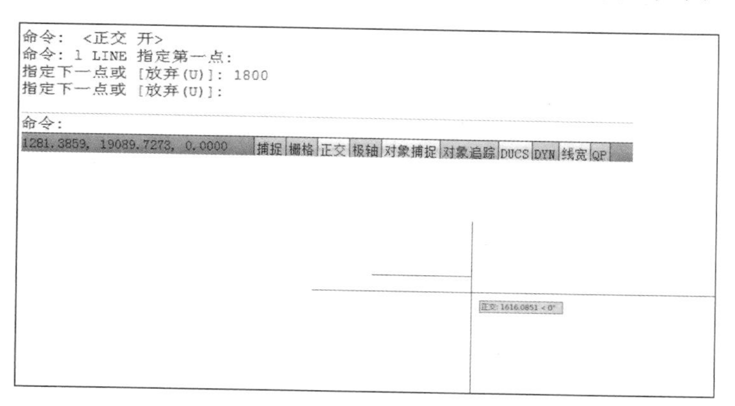

图 2-3-14

二、绘制标高符号下部三角形

打开极轴追踪模式，如图 2-3-15 所示。

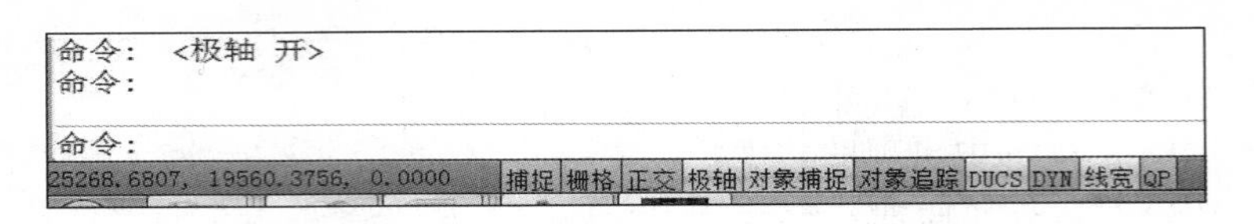

图 2-3-15

设置极轴追踪角度，如图 2-3-16 所示。

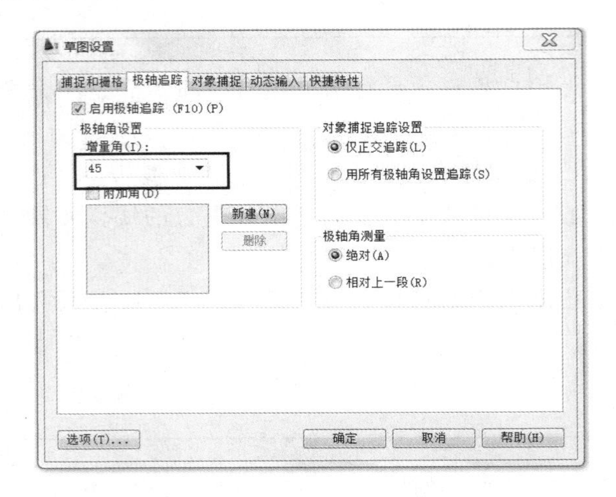

图 2-3-16

绘制 45°角的斜线，长度为 420 mm，对齐路径会显示虚线，如图 2-3-17 所示。

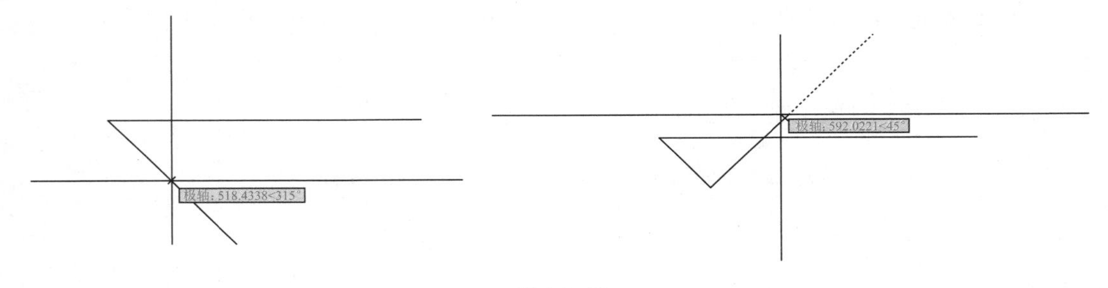

图 2-3-17

三、输入标高数字

1. 设置文字样式

执行“格式—文字样式”，新建文字样式，输入“数字”，设置字体样式为“romans. shx”，输入宽度因子为 0.7，置为当前样式，如图 2-3-18 所示。

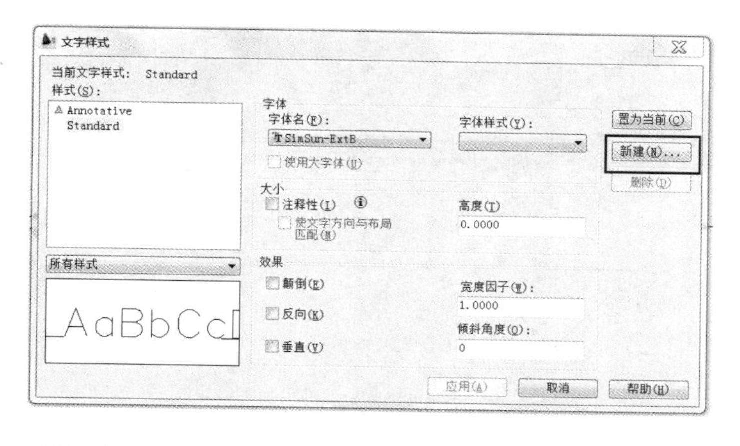

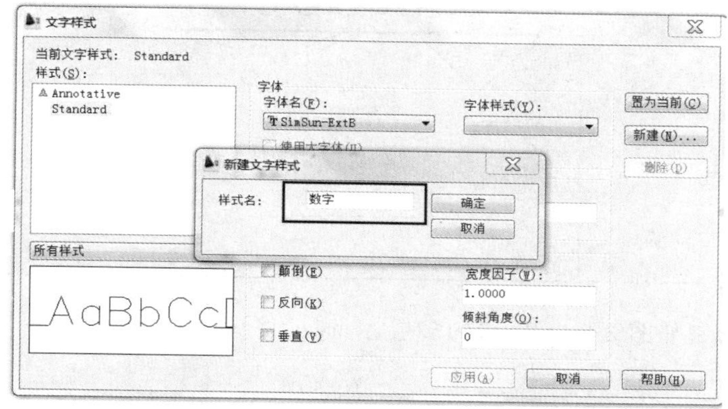

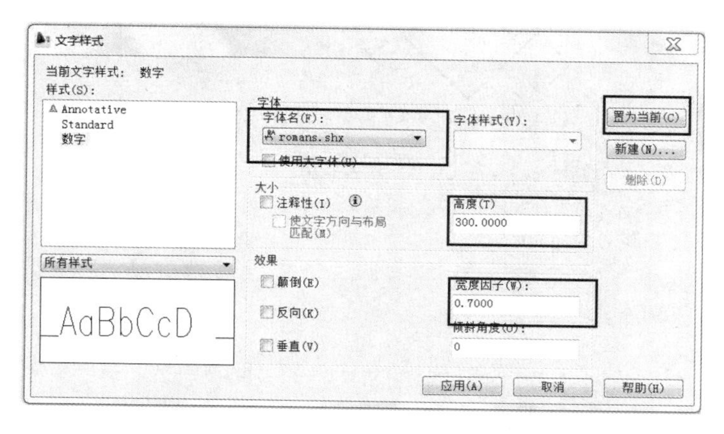

图 2-3-18

2. 输入文字

输入文字编辑“T”，在横线上方拉出文字输入框，输入文字%%p0.000，%%p 代表±号，如图 2-3-19 所示。

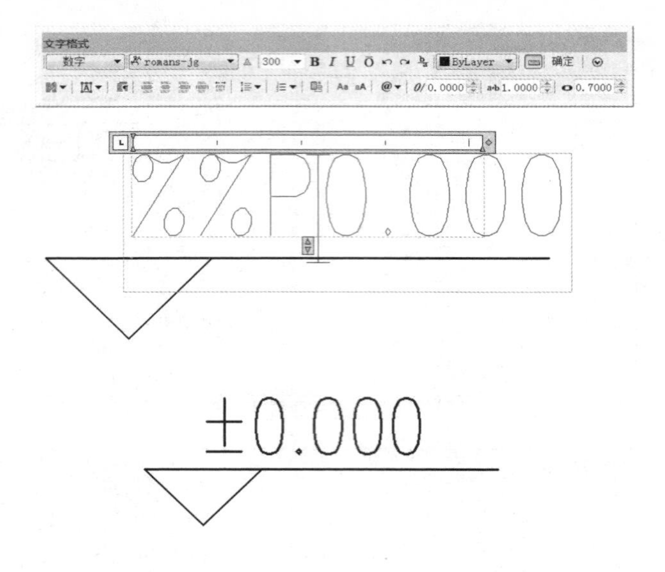

图 2-3-19

任务拓展

绘一绘：绘制如图 2-3-20 所示的多层标高。

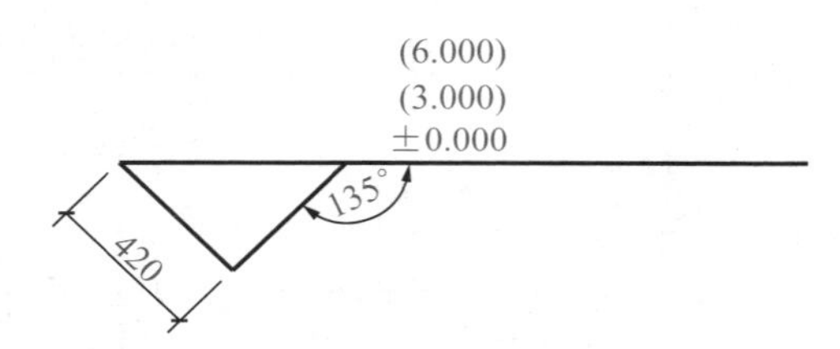

图 2-3-20

剖面图与断面图

项目描述

本项目主要完成两个学习情境：第一个情境任务是学会剖面图和断面图的识读与绘制的方法；第二个情境任务是用 AutoCAD 软件来绘制双跑楼梯剖切俯视图。

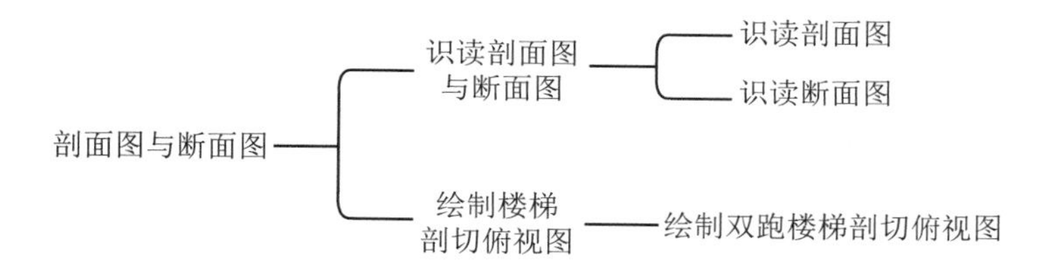

学习情境 1　识读剖面图与断面图

学习目标

1. 正确理解剖面图和断面图。
2. 掌握基本几何体剖面图和断面的绘制。

情境描述

剖面图和断面图是建筑工程图样中主要的表达形式，能够很好地反映建筑物内部构造形式。通过本情境的学习，学生能理解剖面图和断面图的形成，能绘制简单的剖面图和断面图，为后面建筑装饰详图的学习做好准备。本学习情境只详细介绍建筑装饰图中常用的两种剖面图，其他类型的剖面图可参考其他用书。

任务 1　识读剖面图

任务导入

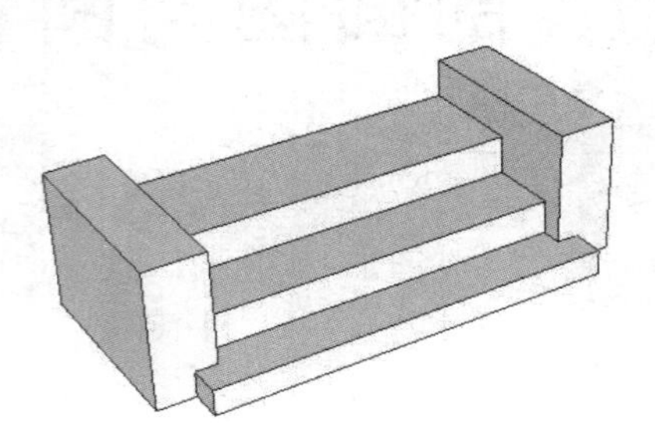

图 3-1-1

思考：

1. 如何绘制图 3-1-1 所示模型的三面投影？
2. 图 3-1-1 所示模型从中间切开后其剖面是怎么样的？
3. 如何表达其剖切的位置？
4. 如何绘制剖切开后看到的图样？

知识链接

一、剖面图的形成

1. 剖面图的作用

一个几何体的三面投影，只能反映它的外部形状和大小，为了能在图中清晰地表达出形体内部的形状和构造，需绘制剖面图。

2. 剖面图的定义

如图 3-1-2 所示，假想用一个垂直于投射方向的平面，在几何体适当的位置将其剖开，并把观察者与几何体之间的部分移去，然后画出剖开之后留下的几何体的正投影图，这个正投影图称为剖面图。剖面图不仅表达了剖切面与几何体接触面的图形，同时也表达了剖切面没有与几何体接触，但可以看见的余下部分的图形。

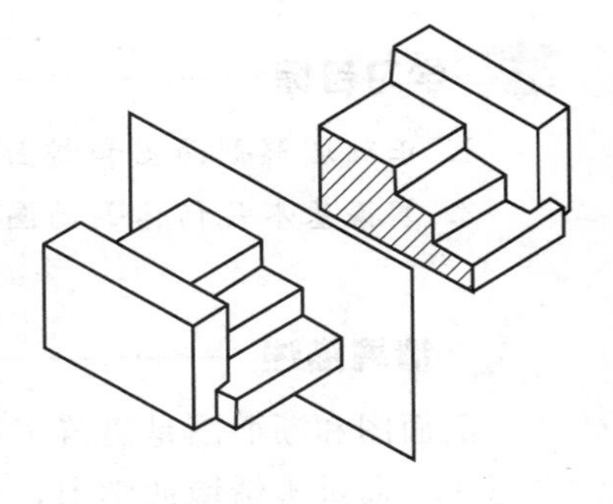

图 3-1-2

3. 剖切位置

剖面图的剖切位置应根据图样的用途或者设计的深度，在平面图上选择能够反映形体全貌、构造特征及代表性的剖切部位。

二、剖面的剖视方法

1. 剖切符号

如图 3-1-3 所示，剖面图的剖切符号由剖切位置线、剖视方向线组成。剖切位置线表示剖切平面的位置，用断开的两段粗实线表示，长度为 6～10 mm；剖视方向线在剖切位置线两端的同一侧各画一段与它垂直的短粗实线，表示观看朝向这一侧，长度为 4～6 mm。

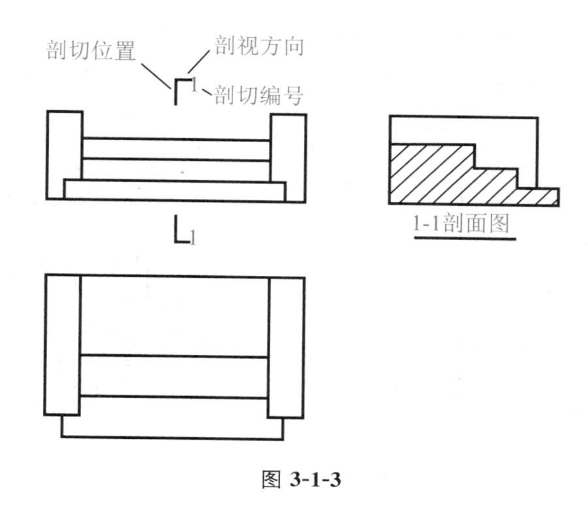

图 3-1-3

2. 剖切编号

剖切编号一般采用阿拉伯数字或罗马数字，注写在剖视方向线的端部，水平书写。编号按顺序由左往右、由上往下编排。同时在绘制的剖面图下方注写与其编号对应的图名，如Ⅰ-Ⅰ剖面图、Ⅱ-Ⅱ剖面图等，并在编号下面画一条粗短线，如图 3-1-3 所示。

剖面图一般要标注剖切符号，但当剖切面通过物体的对称平面，且剖切图处于基本视图位置时，可以省略标注剖切符号。

三、剖面图的种类和应用

1. 全剖面图

用一个剖切平面将形体完整地剖切开，得到的剖面图叫作全剖面图。全剖面图一般应用于不对称的建筑形体，或对称但较简单的建筑构件中，如图 3-1-4 所示。

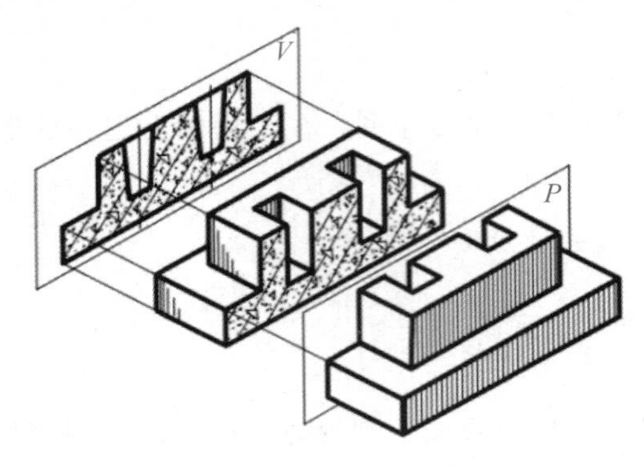

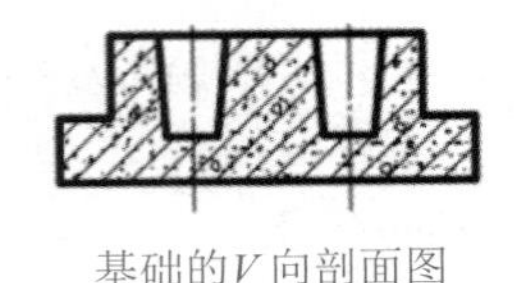

基础的V向剖面图

图 3-1-4

2. 转折剖面图

用两个或两个以上的互相平行的剖切平面将形体剖开得到的剖面图，称为转折剖面图，如图 3-1-5 所示。转折剖面图的剖切轮廓线不应画出，剖切平面的阶梯转角用粗折线表示，线段长度 4～6 mm，折线的突角外侧可标注剖切编号。

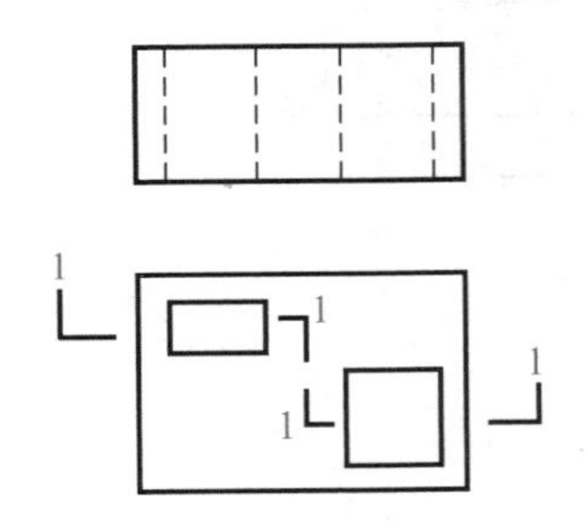

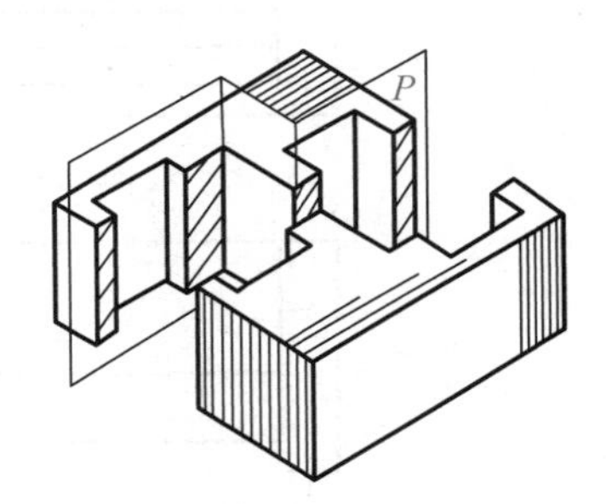

图 3-1-5

任务实施

绘一绘：绘制图 3-1-6 的三面投影图。图 3-1-6 从中间剖开后，从右往左看，绘制其剖面图，并在三面投影上标注剖切符号。

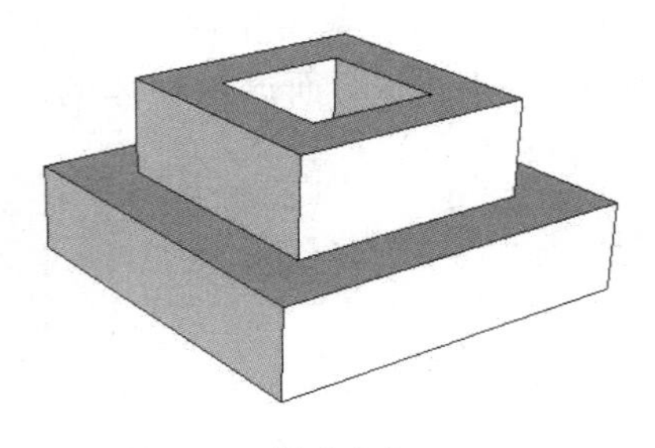

图 3-1-6

(1)根据三面投影的知识，绘制三面投影，并在俯视图上中间剖切位置处标注Ⅰ-Ⅰ剖切符号，如图 3-1-7 所示。

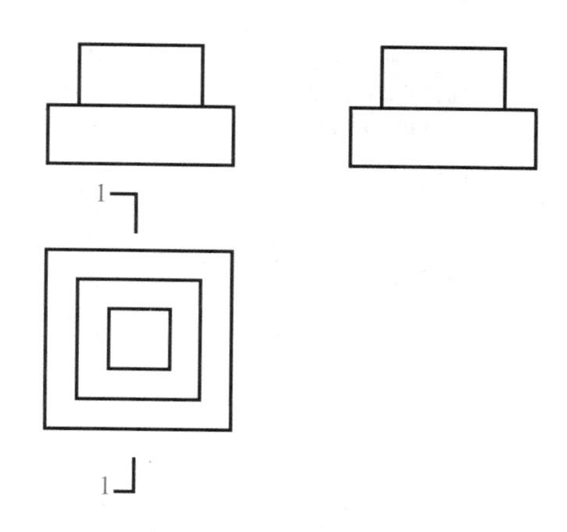

图 3-1-7

(2)绘制剖面图的方法。在绘制剖面图时，除应画出剖切到的断面轮廓线外，还应画出投射方向的可见轮廓线，如图 3-1-8 所示。具体绘制步骤如下。

①根据平面图上的剖切符号，正确判断剖切的位置和剖视的方向。

②绘制剖切面与几何体接触的断面部分，用粗实线绘制轮廓线。

③绘制断面的材质，用图例进行表示。当不必指出材料时，可用等间距的 45°倾斜细实线表示。

④绘制出剖面图剖切面没有切到，但投射方向仍可见的部分，用中实线表示。

⑤制图完成后，在下方注名图名。图名根据平面图上的剖切符号的编号来确定。

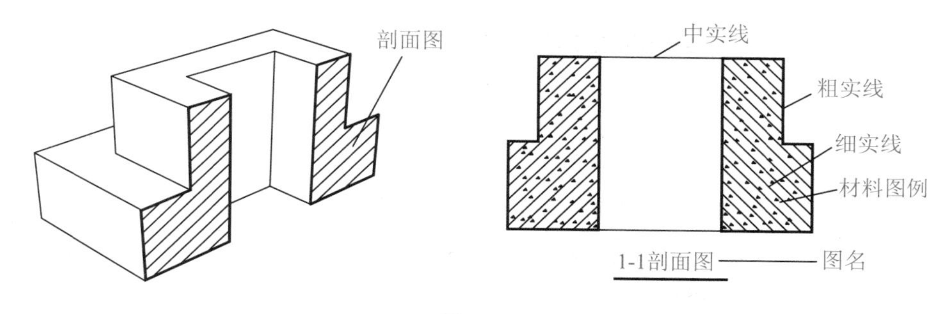

图 3-1-8

量一量：根据学校某楼梯间，绘制楼梯间一层剖切图，如图 3-1-9 所示。

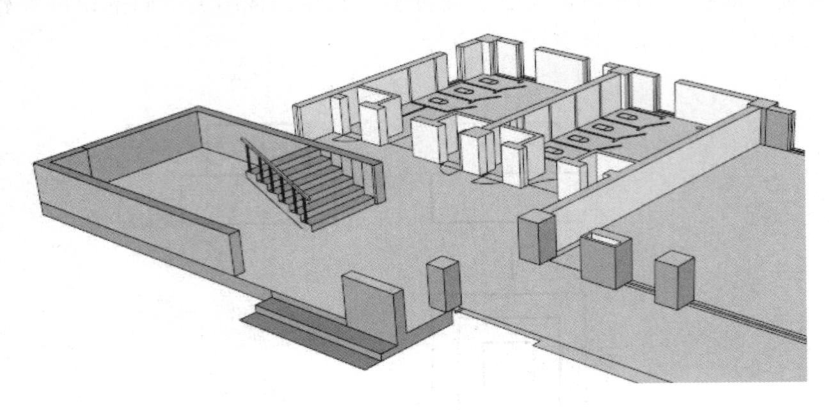

图 3-1-9

(1)剖切形成。一层剖切图是从楼梯的第 6 节台阶处横向剖断，移走上面的部分，留下的部分从上往下看所看到的正投影，为楼梯间一层的剖面图，如图 3-1-10 所示。

(2)用皮尺量取楼梯间的尺寸，并记录下来，绘制手工草图。

(3)绘制楼梯四周被剖切到的墙体，并在墙体内填充墙体的材质，如图 3-1-10 所示。

(4)绘制楼梯从上往下看到的 6 个台阶，并在端部用剖断号表示，如图 3-1-10 所示。

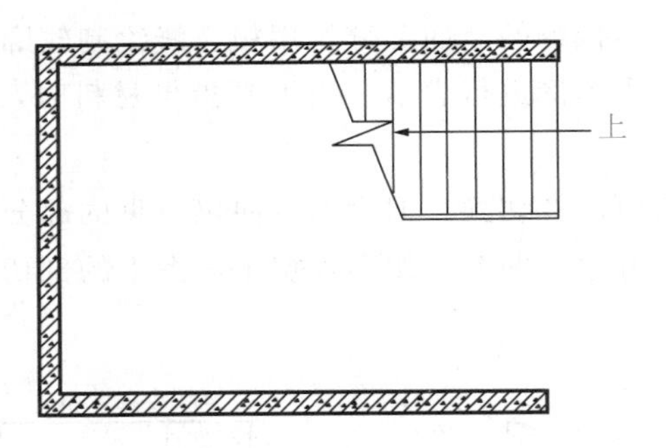

图 3-1-10

任务拓展

绘一绘：教师将学生分组，准备测量仪器，让学生量取所在教学楼一楼楼梯间的各部分尺寸，并绘制教学楼楼梯的一层剖切俯视图。

任务2　识读断面图

任务导入

思考：

1. 图3-1-1从中间切开后往左边和往右边看有什么区别？
2. 图3-1-1从中间切开后看到的和切到的部分一样吗？
3. 如何表达断面图的剖切位置？
4. 剖面图和断面图有什么区别？

知识链接

一、断面图的定义

用剖切平面剖切几何体时，剖切平面与几何体的截交线所围成的截断面，称为断面。如果只画出该断面的实形投影，称为断面图。断面图仅画出剖切平面与形体相交的图形。

二、断面图剖视方法

1. 断面剖切符号

断面图的剖切符号，只用剖切位置线表示，长度为6～10 mm，如图3-1-11所示。

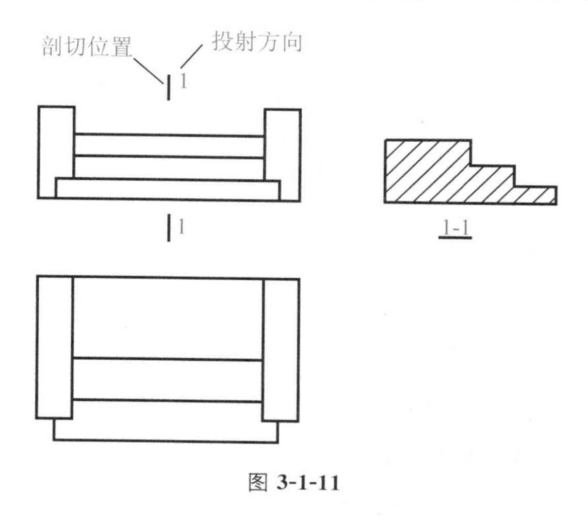

图3-1-11

2. 断面剖切编号

断面图剖切符号的编号，宜采用阿拉伯数字或者罗马数字，按顺序连续编排，并注写在剖切位置线的一侧。编号所在的一侧即为断面的剖视方向。在断面图中只标注断面图标号以表示图名，如 1-1、Ⅱ-Ⅱ等，并在编号下面画一条粗短线，如图 3-1-11 所示。

三、断面图的种类及应用

断面图主要用于表达形体或构件的断面形状，根据其安放位置不同，一般可分为移出断面图、重合断面图和中断断面图三种形式。

1. 移出断面图

断面图画在靠近形体的一侧或端部，并按次序依次排列，这样的断面图称为移出断面图。绘制的断面图可适当放大比例画出，目的是为了更清楚地表达构件内部的构造，如图 3-1-12 所示。

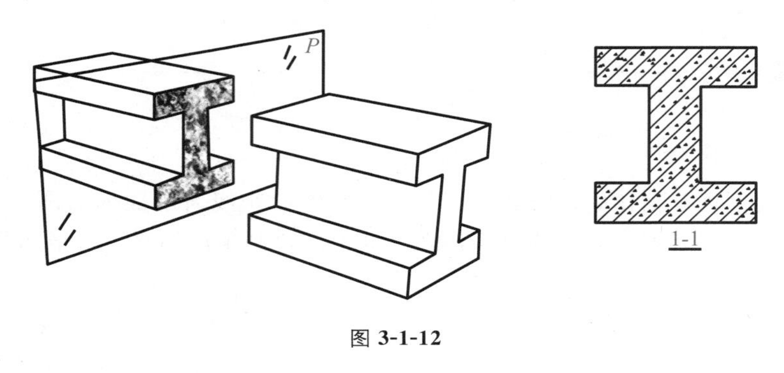

图 3-1-12

2. 重合断面图

结构梁板的断面图常直接画在结构平面布置图上，这种直接画在投影图轮廓线之内的断面图称为重合断面图，如图 3-1-13 所示。

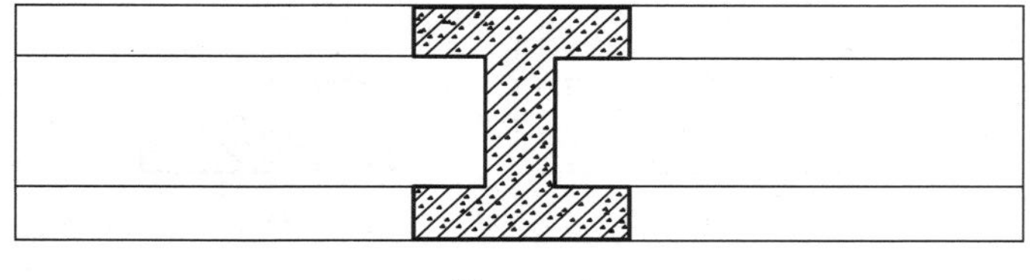

图 3-1-13

3. 中断断面图

对于较长的构件，其断面图可以画在构件的中间，这样的断面图，称为中断断面图。中断断面图不必标出剖切符号和编号，如图 3-1-14 所示。

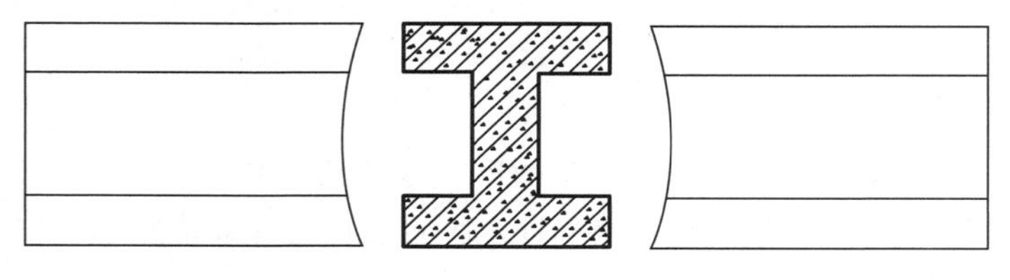

图 3-1-14

任务实施

绘一绘：图 3-1-6 从中间剖开后，从右往左看，绘制其断面图。

在绘制断面图时，仅需画出剖切到的断面轮廓线，如图 3-1-15 所示。具体绘制步骤如下。

①根据平面图上的剖切符号，正确判断剖切的位置和剖视的方向。

②绘制剖切面与几何体接触的断面部分，用粗实线绘制轮廓线。

③绘制断面的材质，用图例进行表示。当不必指出材料时，可用等间距的 45°倾斜细实线表示。

④制图完成后，在下方注名图名。图名根据平面图上的剖切符号的编号来确定。

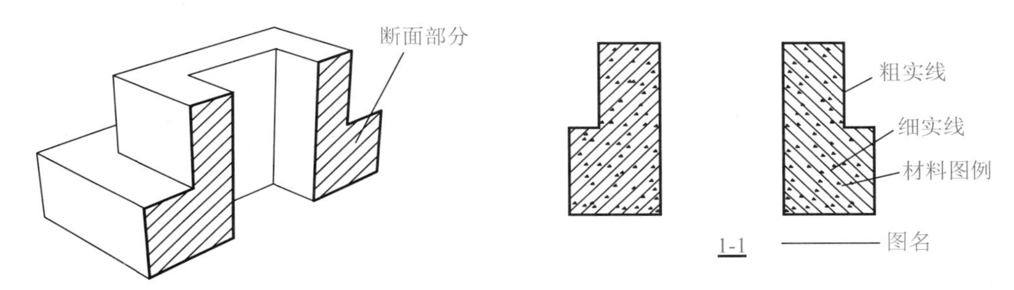

图 3-1-15

任务拓展

绘一绘：做出图 3-1-16 的 1-1 剖面图和 2-2 断面图。

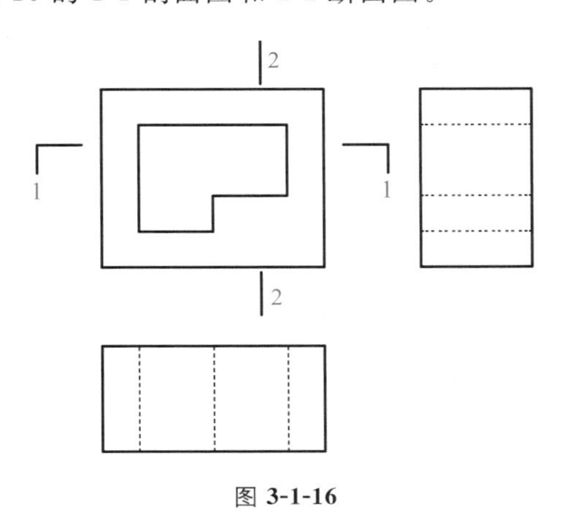

图 3-1-16

学习情境 2 绘制楼梯剖切俯视图

学习目标

1. 学会设置绘图环境。
2. 学会双跑楼梯剖切俯视图的绘制方法。
3. 熟练掌握编辑命令的操作方法。

情境描述

楼梯剖切俯视图通常称为楼梯平面图，是用于指导建筑中楼梯施工的图样。从剖切俯视图上能表示出楼梯踏步的宽度、高度和楼梯的走向等。本情境绘制双跑楼梯标准层剖切俯视图。

任务 绘制双跑楼梯剖切俯视图

任务导入

思考：

1. 如何用计算机绘制图 3-1-10？
2. 绘制楼梯需要用到 AutoCAD 的哪些命令？
3. 这些命令的快捷键是什么？
4. 绘制图形前需要进行哪些设置？

知识链接

一、楼梯的基本知识

1. 楼梯梯段

楼梯梯段长即踏步的踏步宽总和。

2. 楼梯井

楼梯井即上下梯段边缘之间的净距离。

二、多线

绘制墙线时，运用多线命令，绘制出两条平行的线。通过多线样式的设置，设置多线的“图元”“封口”“填充”等参数。绘制时，设置多线的对正线和比例。

三、多段线

多段线是作为单个对象创建的互相连接的序列线段，可以创建直线、弧线等组合线段，不具备各个线段单独编辑的功能。

任务实施

绘制图 3-2-1 所示的双跑楼梯。（不标注尺寸和文字。）

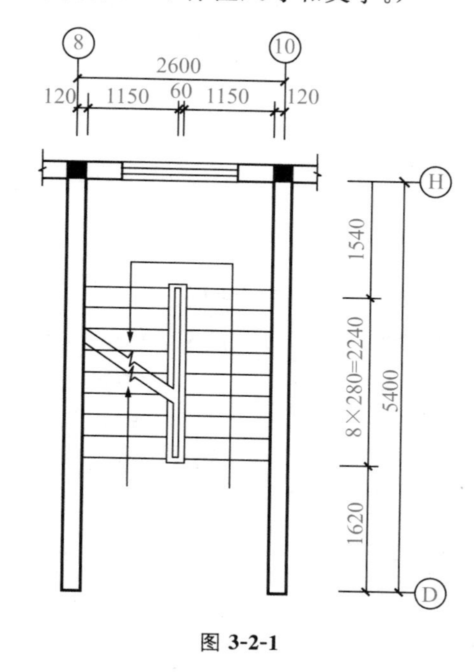

图 3-2-1

一、设置绘图环境

1. 设置单位

输入命令 UN，将精度设置为毫米。

2. 设置绘图界限

输入命令 limits，重新设置模型空间界限，具体操作如下。

```
命令：limits
重新设置模型空间界限：
指定左下角点或[开(ON)/关(OFF)]<0.0000，0.0000>：
指定右上角点<420.0000，297.0000>：42000，29700
```

3. 设置图层

输入命令 LA，如图 3-2-2 所示。设置结果见表 3-2-1。

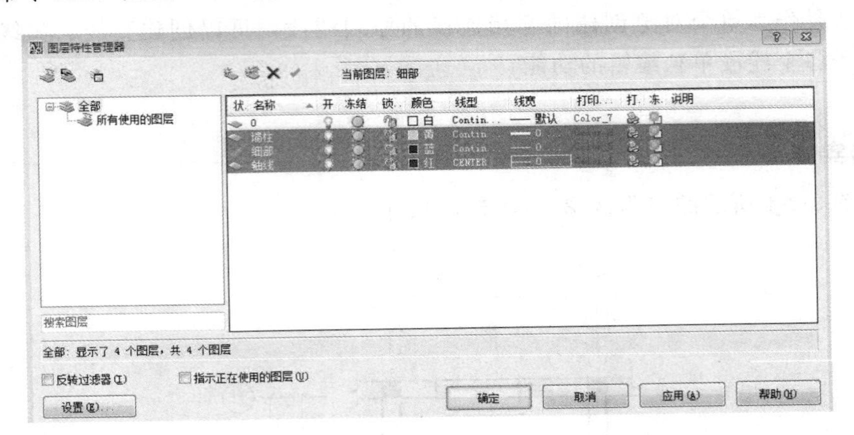

图 3-2-2

表 3-2-1

名称	颜色	线型	线宽
墙柱	黄	实线	0.3
细部	蓝	实线	0.15
轴线	红	中心线	0.15

二、绘制楼梯剖切俯视图

1. 绘制基准轴线和墙柱

设置当前层为“轴线”图层。

执行直线命令（L），画一根长度为 3200 mm 的横线，长度为 6000 mm 的竖线（打开正交和对象捕捉模式），结果如图 3-2-3 所示。

执行偏移命令（O），将竖直轴偏移 2600 mm，结果如图 3-2-4 所示。

设置当前层为“墙柱”图层，执行多线命令（ML），绘制墙线，墙体厚度 240 mm，结果如图 3-2-5 所示。

执行填充命令（H），绘制柱子。执行多线修改命令完成墙线修改，结果如图 3-2-6 所示。

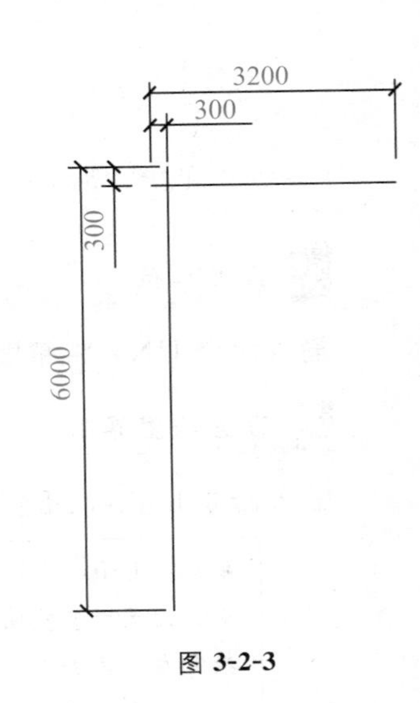

图 3-2-3

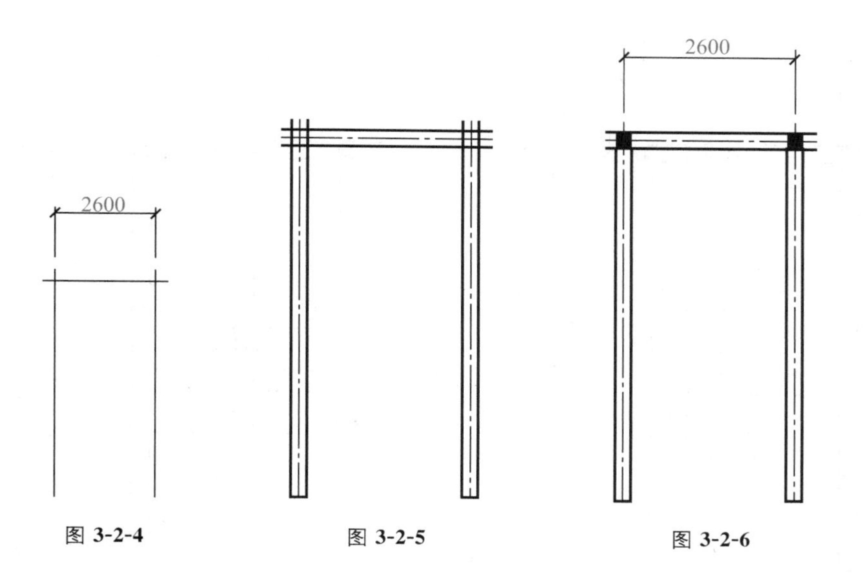

图 3-2-4　　图 3-2-5　　图 3-2-6

2. 绘制楼梯梯段

设置当前层为“细部”图层。

执行偏移命令(O)定位楼梯梯段起始线，结果如图 3-2-7 所示。

执行直线命令(L)、偏移命令(O)绘制楼梯梯段线，结果如图 3-2-8 所示。

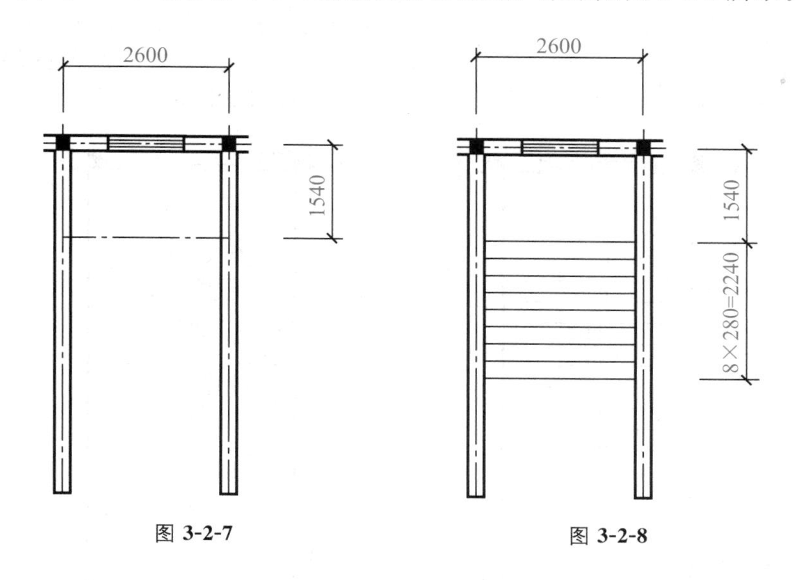

图 3-2-7　　图 3-2-8

3. 绘制楼梯井、楼梯扶手

执行多段线命令(PL)、对象捕捉命令(F3)选择第一条楼梯梯段线的中点为起点绘制楼梯梯井线，梯井宽度为 60 mm，如图 3-2-9 所示。

执行偏移命令(O)，向外偏移 80 mm，得到扶手线，如图 3-2-10 所示。

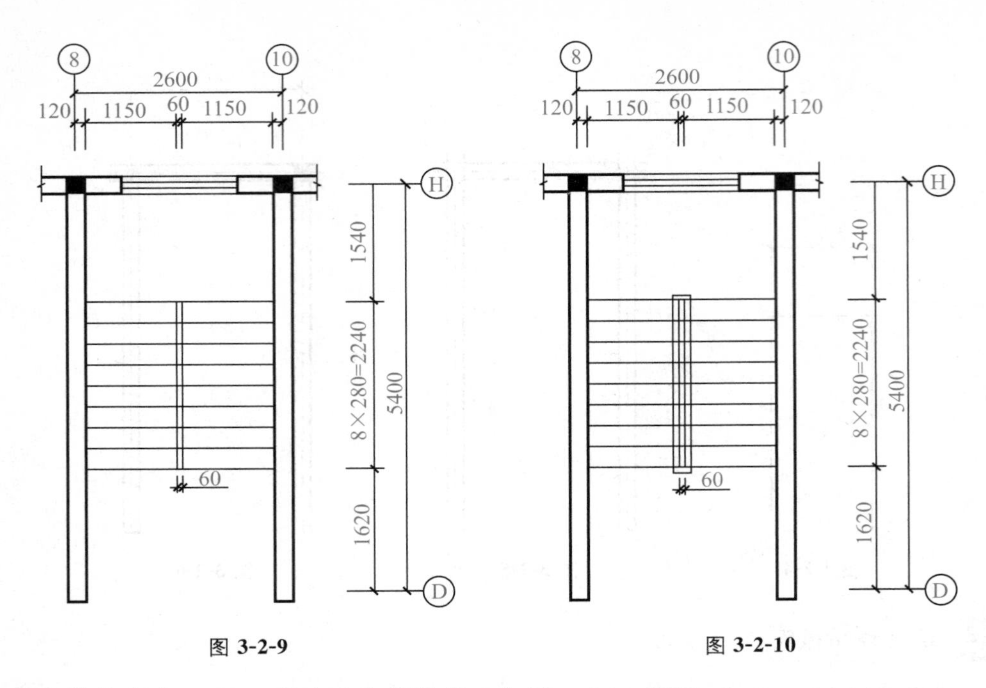

图 3-2-9　　　　图 3-2-10

执行修剪命令(TR)，剪去多余的线条，如图 3-2-11 所示。

4. 绘制箭头和折断线

执行多段线命令(PL)，绘制上下箭头，箭头部分多段线起点宽度设置为 150 mm，端点宽度设置为 0，长度设置为 500 mm。如果 AutoCAD 中已有折断线的图块，可以直接调出折断线图块缩放到合适大小插入图示位置，并分解修剪图形，如图 3-2-12 所示。

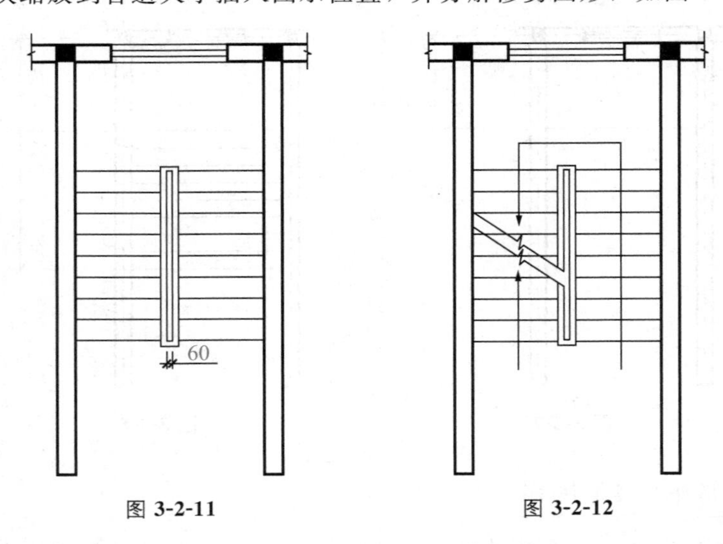

图 3-2-11　　　　图 3-2-12

任务拓展

绘一绘：绘制如图 3-2-13 所示的完整的各个楼层的楼梯剖切俯视图，楼梯梯井和扶手尺寸可参照图 3-2-1。

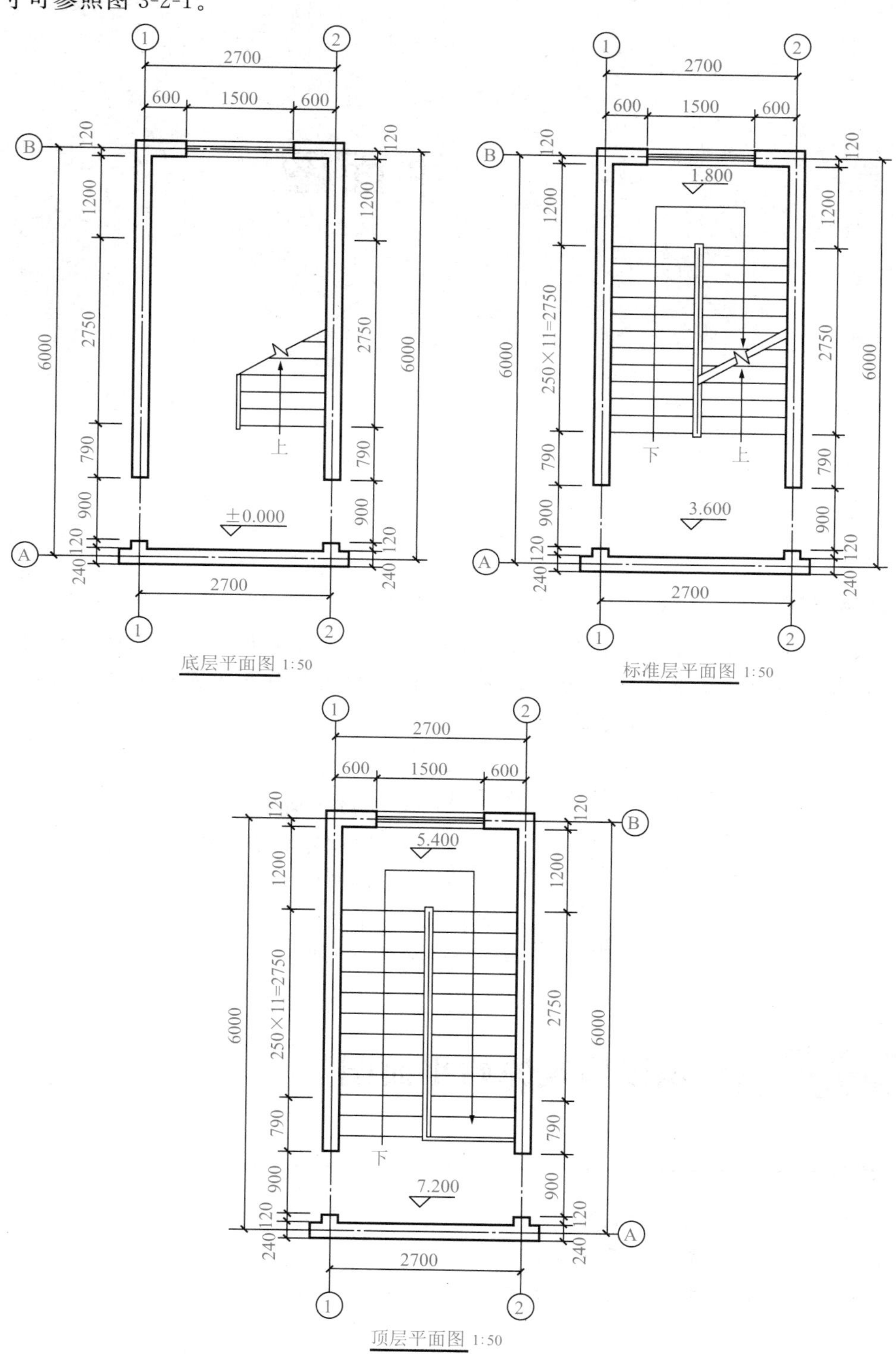

图 3-2-13

项目 4 平面图

项目描述

本项目主要完成三个学习情境：第一个情境任务是正确识读建筑原始平面图；第二个情境任务是在识读建筑原始平面图的基础上识读建筑装饰平面图；第三个情境任务是运用 AutoCAD 软件正确绘制平面图。

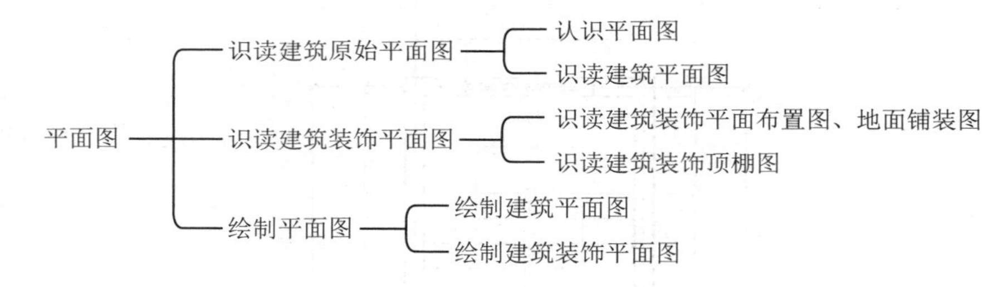

学习情境 1 识读建筑原始平面图

学习目标

1. 理解建筑平面图的形成和用途。
2. 掌握建筑平面图的图示内容。
3. 掌握房屋建筑制图平面图国家标准。

情境描述

建筑平面图是建筑施工中最重要的基本图，是识读整套施工图的关键。它的特点是运用的图例、线型、符号错综复杂，准确、熟练地识读平面图是建筑装饰设计人员必须具备的基本技能。本学习情境主要通过两个学习任务来完成建筑原始平面图的识读。

任务1　认识平面图

任务导入

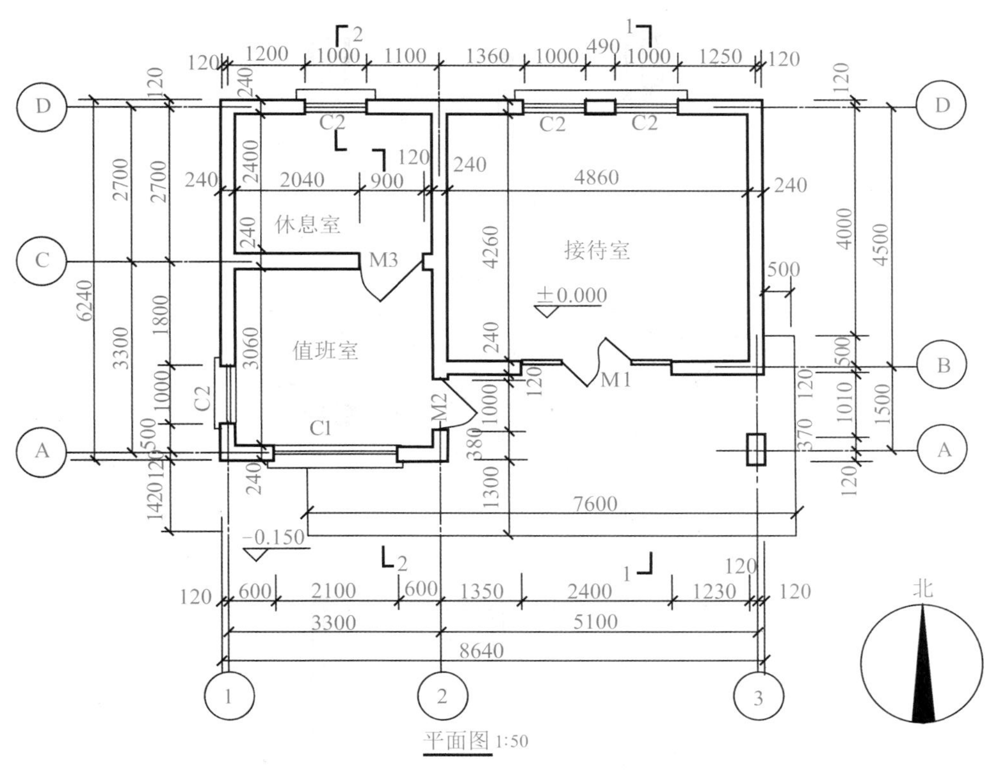

图 4-1-1

思考：

1. 图 4-1-1 是把建筑物怎样处理形成的？
2. 图 4-1-1 运用了哪种投影原理？
3. 识图者从建筑物哪个位置观察的？
4. 这种类型的工程图能告诉我们建筑物的哪些信息？

知识链接

一、平面图的形成

假设用一个水平剖切面经过门窗的洞口(略高于窗台的位置)将建筑物(图 4-1-2)剖开，移去剖切平面以上的部分，将剖切平面以下部分(图 4-1-3)向 H 面投影(正投影法)而得到的投影图即是平面图(图 4-1-4)。

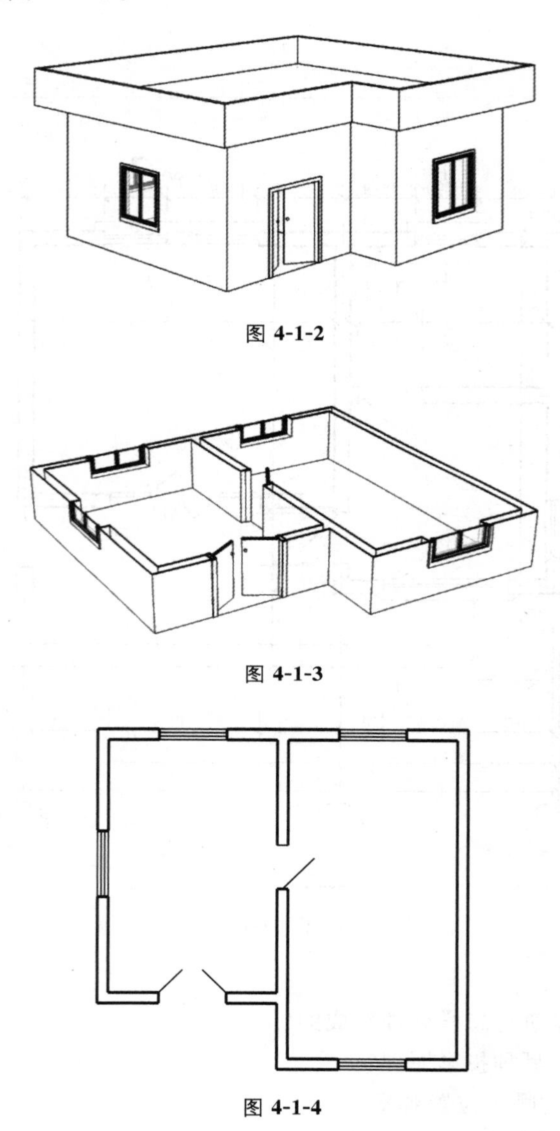

图 4-1-2

图 4-1-3

图 4-1-4

二、建筑平面图的用途

从图 4-1-4 中可以看出，建筑平面图能够准确地表达建筑物各层的平面形状，各房间的位置关系、功能和大小，墙、柱的位置和厚度，以及门窗的位置、开启方向和大小。建筑平面图是施工图中最基本、最重要的图样，是建筑施工和室内装修及编制预算的重要依据。

三、建筑平面图的命名

建筑平面图是按照楼层来命名的，如底(首)层平面图、标准层平面图、顶层平面图或者一层平面图、二层平面图，其余依此类推。

四、建筑平面图的张数

一套施工图中建筑平面图的张数取决于建筑物的层数及复杂程度。如果建筑物每层平面布局、构造、建筑构件完全相同，只需要画底层平面图、标准(中间)层平面图、顶层平面图。如果建筑物各层均不相同，则每层都需要绘制。

任务实施

绘一绘：请运用建筑平面图形成原理绘制图 4-1-5 的俯视图。(绘草图。)

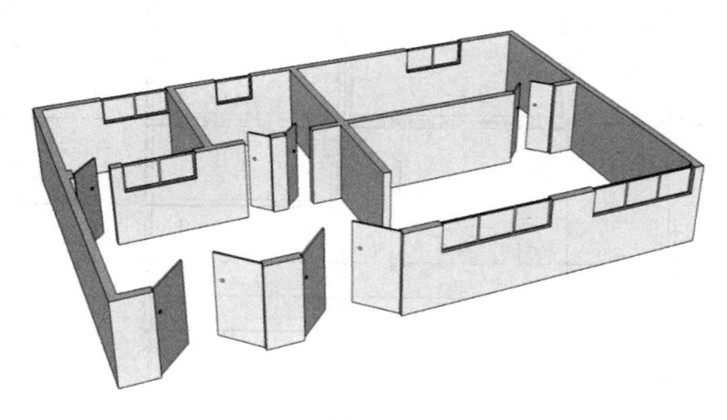

图 4-1-5

任务拓展

绘一绘：请教师把学生分成若干小组并分发钢卷尺，组织学生量一量所在教室的尺寸，并让学生绘制教室的平面草图。

任务 2　识读建筑平面图

任务导入

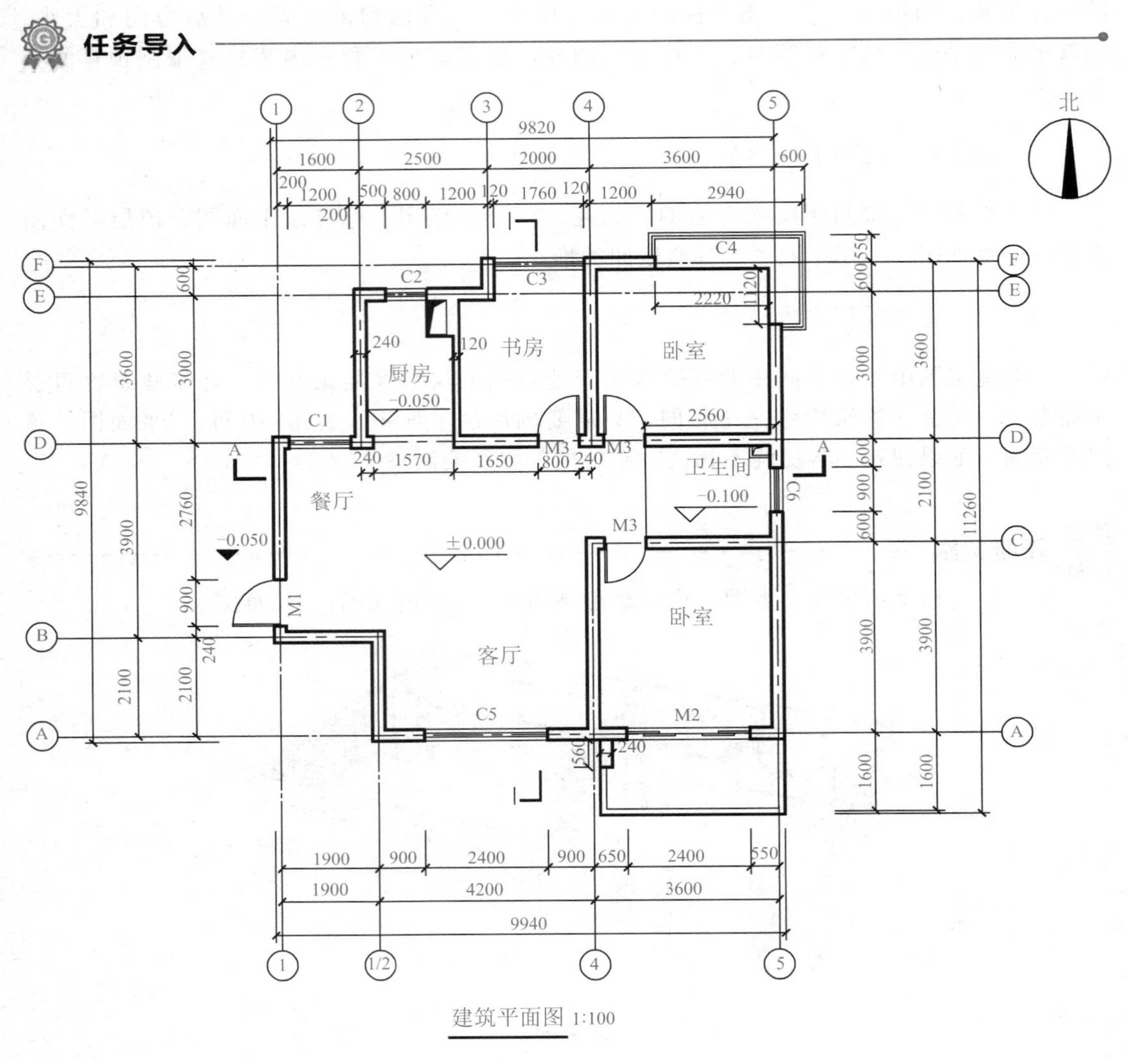

建筑平面图 1:100

图 4-1-6

思考：

1. 从图 4-1-6 中看到了哪些已经熟悉的平面图图例？
2. 从图 4-1-6 中看到了哪些还不认识的图例？它表示什么？
3. 你能读出它的每个房间的大小吗？
4. 这个户型你喜欢吗？
5. 对于建筑平面图国家有哪些制图规范？

知识链接

建筑平面图的常用读图步骤如下。

一、读图名、比例

识读建筑平面图，观察图名叫什么，该图的比例是多少。绘制比例常采用1∶50、1∶100、1∶200。

二、读建筑物的朝向

通常在建筑物的首层平面图上会标注指北针或风向频率玫瑰图，依此可以读出建筑物的朝向。

三、读建筑物的平面布局

从建筑平面图中可以读出建筑物中各个房间的平面形状、用途以及门窗、楼梯、电梯、墙柱等建筑构件的平面位置和数量。

四、读定位轴线

定位轴线表示建筑物中承重构件(墙、柱、梁)的相对位置，方便施工时定位放线和确定墙、柱之间相对位置，并且编注编号。

对于一些次要墙体可编写附加定位轴线，详细内容见项目2中介绍。

五、读门窗

在建筑平面图中可以读出门窗的位置、门窗洞口的宽度和编号、门窗的数量。根据《房屋建筑制图统一标准》，在建筑平面图中，门窗应该标注代号和编号，门的代号为M，如M1、M2等，窗的代号为C，如C1、C2、C3等，也可直接采用标准图集上的编号。窗洞有凸出阳台的，应在窗的图例上画出窗台的投影，窗的图例用两条平行的细实线表示窗框及窗扇的位置。特殊的门窗平面图例参照《建筑制图标准》绘制。

从图4-1-6建筑平面图中可以读出本户型共有门5扇，例如，入户门是M1，门洞宽度900 mm，从平面门图例还可以读出M1为单扇外开门。本户型共有6扇窗，北面卧室北墙是C4窗，C4窗是转角飘窗，飘窗深度600 mm。

六、读尺寸

建筑平面图中的尺寸标注根据位置不同有外部尺寸和内部尺寸两种。

1. 外部尺寸

标注于建筑图样以外的尺寸叫外部尺寸，一般标注三道。

第一道尺寸(最靠近图样)：标注建筑物外墙上门窗洞口尺寸及门窗间墙体、墙体厚度等其他建筑构配件细小尺寸。

第二道尺寸(处于中间)：标注各相邻定位轴线之间的距离，也是各房间的开间(相邻横向定位轴线之间的距离)和进深(相邻纵向定位轴线之间的距离)尺寸。

第三道尺寸(最远离图样)：标注建筑物的总长和总宽。尺寸起点和终点不在定位轴线上，是从一端的外墙边到另一端外墙边的距离。

2. 内部尺寸

内部尺寸标注于建筑图样内，一般标注内墙门、窗洞口和室内设备的位置以及内墙厚度等尺寸。

七、读标高

建筑物中地面、楼面、台阶等各处，竖向高度会有不同，平面图中应标注标高。此平面图中标高为相对标高(建筑物一层主要地面的标高为 0.000 m)。

总平面图中为绝对标高。我国把黄海平均海平面定为绝对标高的零点，任何一地点相对于黄海的平均海平面的高差，我们就称它为绝对标高。

标高符号的制图标准见项目 2。

八、读其他符号

剖面图符号：见项目 3 中剖面图符号的介绍。

任务实施

填一填：识读图 4-1-6 所示的建筑平面图。

(1)该图的图名为________，比例为________。

(2)该户型的朝向为________，总长度为________，总宽度为________。

(3)该户型________室________厅________厨________卫。墙体厚度为________。

(4)该户型有________扇门、________扇窗。书房门标号为________，卫生间窗标号为________。

(5)朝南卧室开间________mm，进深________mm。

(6)该户型的客厅地面标高为________，厨房地面标高为________，卫生间地面标高为________，卧室地面标高为________，客厅和卫生间的室内高度差为________。

(7)定位轴线标号为 1/2 的轴线为________轴线。

(8)该图有________组剖切符号，请说出它们的剖切位置。

绘一绘：请结合平面图的绘图步骤和建筑制图规范选择合适的绘图仪器正确抄绘图 4-1-7。绘图步骤如下：画定位轴线；画墙、柱线；开门窗洞口；画楼梯、门窗、台阶、散水等其他细部；标注尺寸及标高，加深图线。

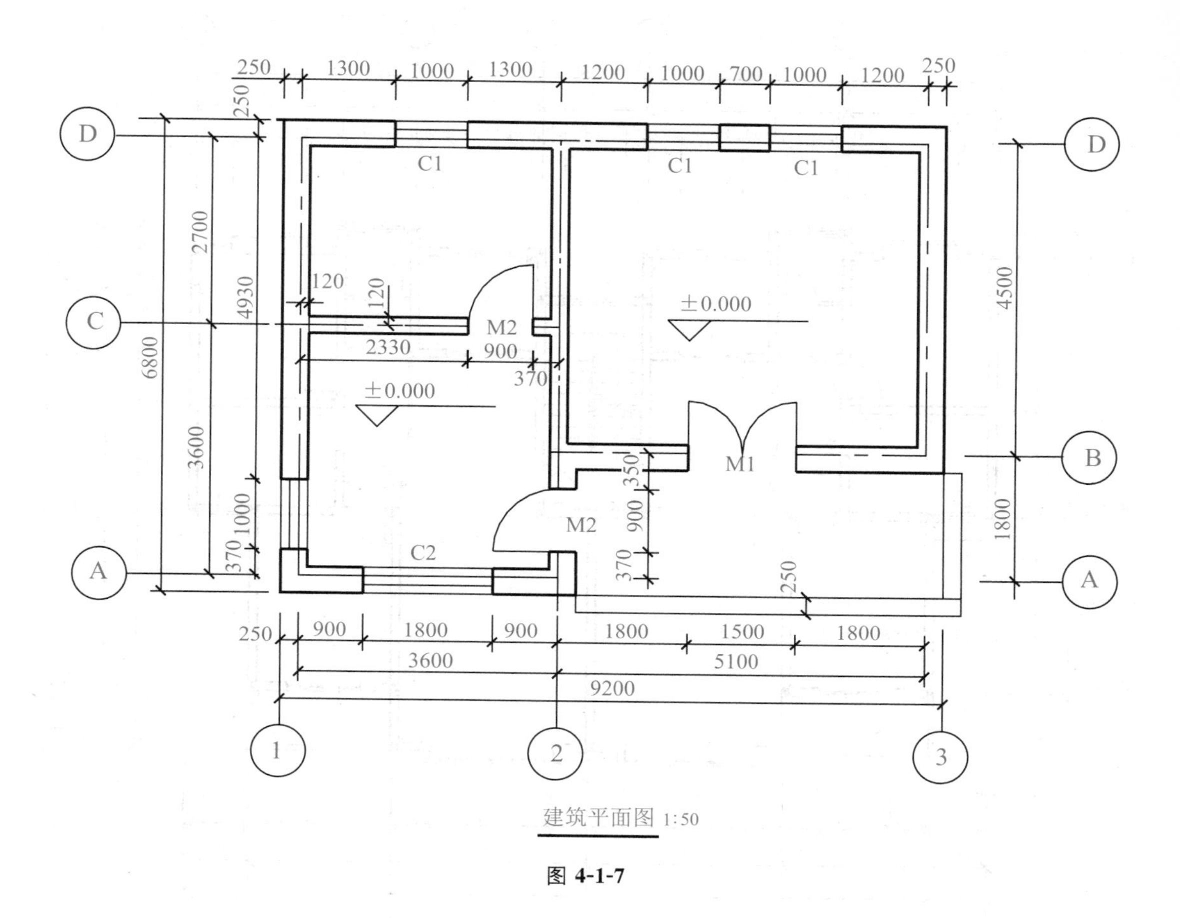

建筑平面图 1:50

图 4-1-7

任务拓展

练一练：正确识读图 4-1-8，回答下列问题。

(1)请正确统计该平面图中门窗的类型和数量。

(2)请试着计算各个房间的使用面积。

(3)补画出图中的定位轴线编号。

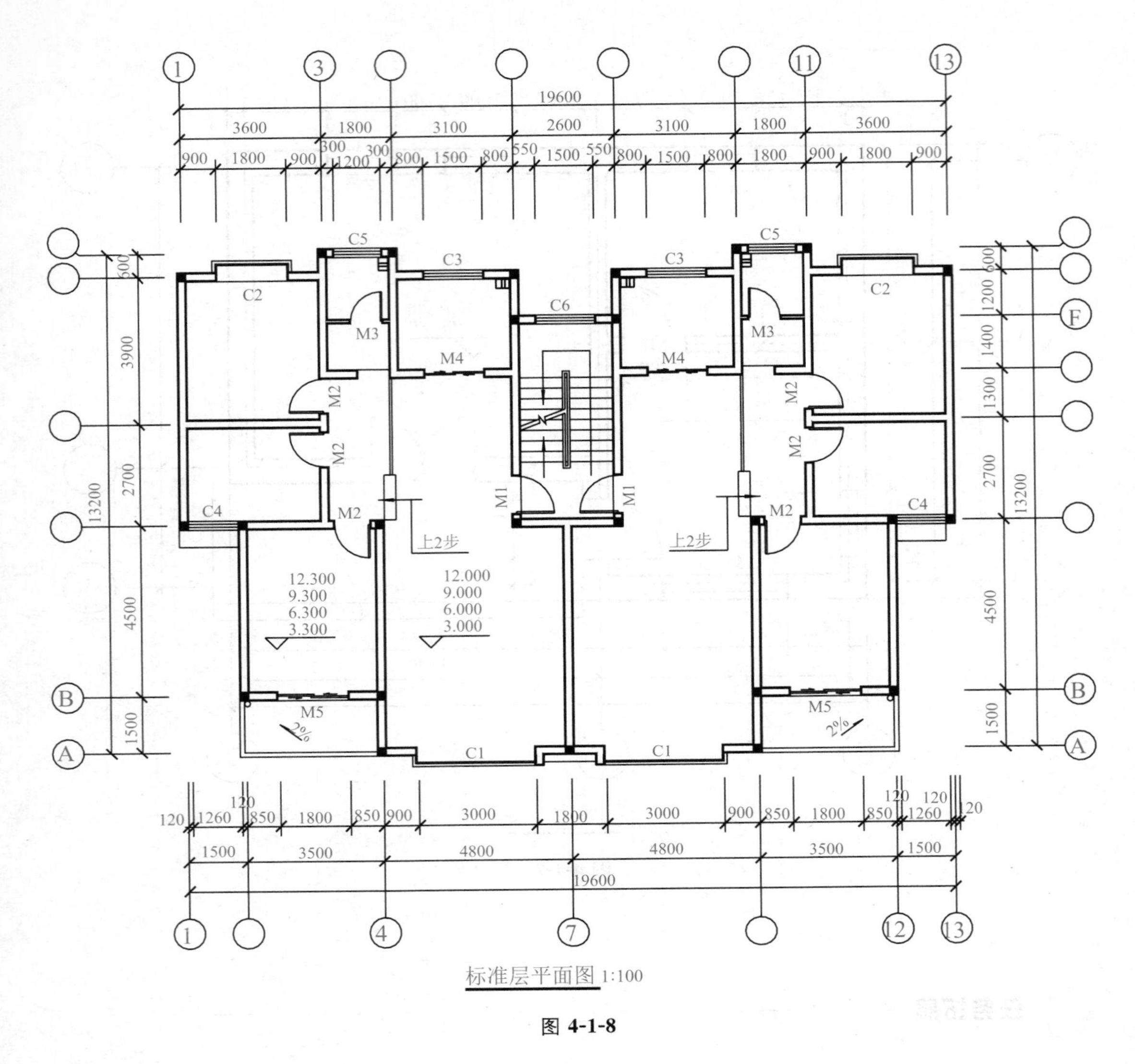

标准层平面图 1:100

图 4-1-8

注：未标注墙体均为 240 mm 厚；混凝土柱截面尺寸为 240 mm×240 mm。

学习情境 2 识读建筑装饰平面图

学习目标

1. 正确识读建筑装饰平面布置图及地面铺装图的图示内容。
2. 正确识读建筑装饰顶棚图的图示内容。
3. 掌握建筑室内装饰装修制图标准。

情境描述

建筑装饰平面图是整套建筑装饰施工图的第一类图样，建筑装饰平面布置图、地面铺装图、建筑装饰顶棚图、水电路改造图等都是在平面图基础上绘制而成的。平面布置图关系到装饰装修后期购买家具、洁具等的尺寸和数量。地面铺装图关系到地砖、地板的使用类型等。建筑装饰顶棚图关系到后期购买灯的类型和数量。本学习情境主要学习建筑装饰平面图类的识读。

任务 1　识读建筑装饰平面布置图、地面铺装图

任务导入

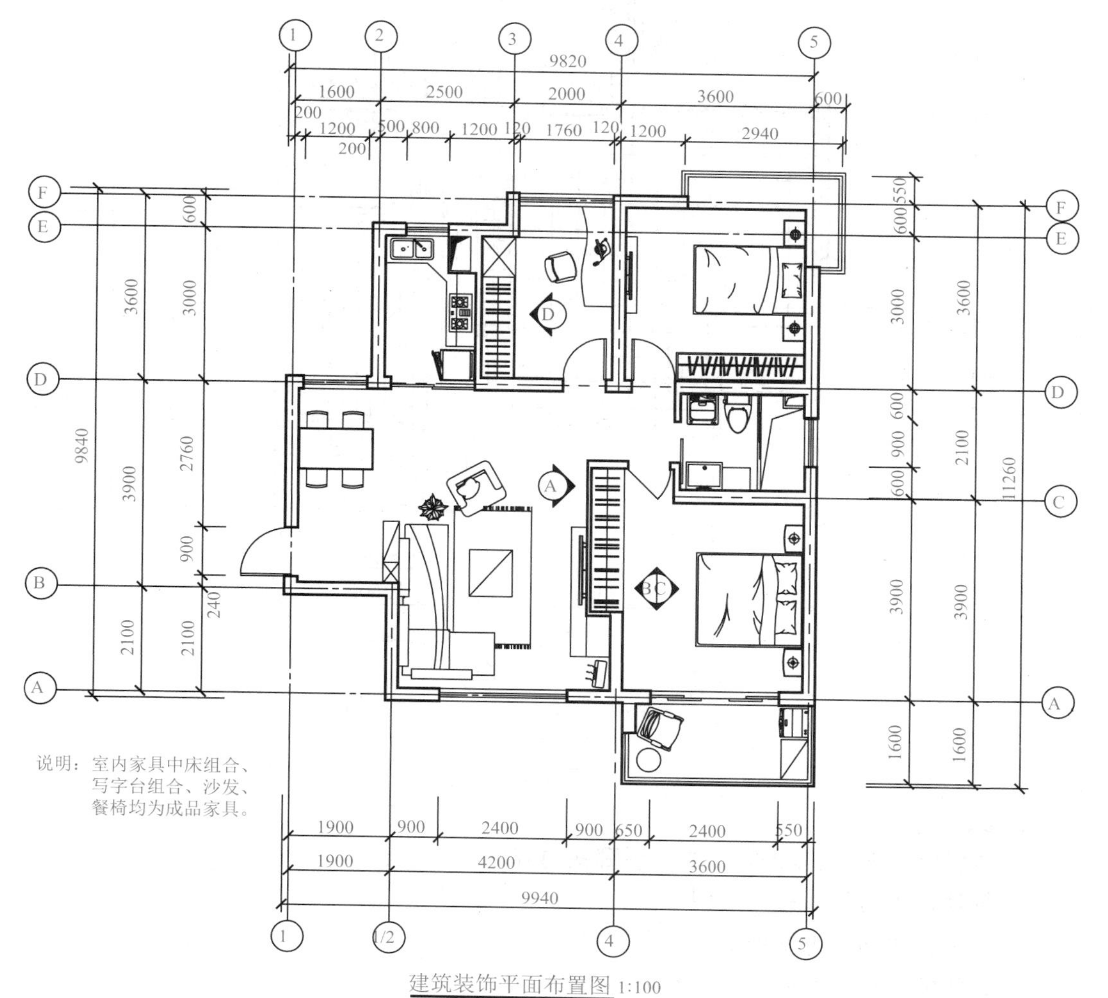

图 4-2-1

思考：

1. 建筑平面图和建筑装饰平面布置图(图 4-2-1)的异同点在哪里？
2. 图 4-2-1 中的家具图例你都认识吗？
3. 建筑装饰平面布置图中哪些图例是你没有见过的？
4. 每个房间都布置了哪些家具和设备？如果让你布置这个户型，你会怎么布置？

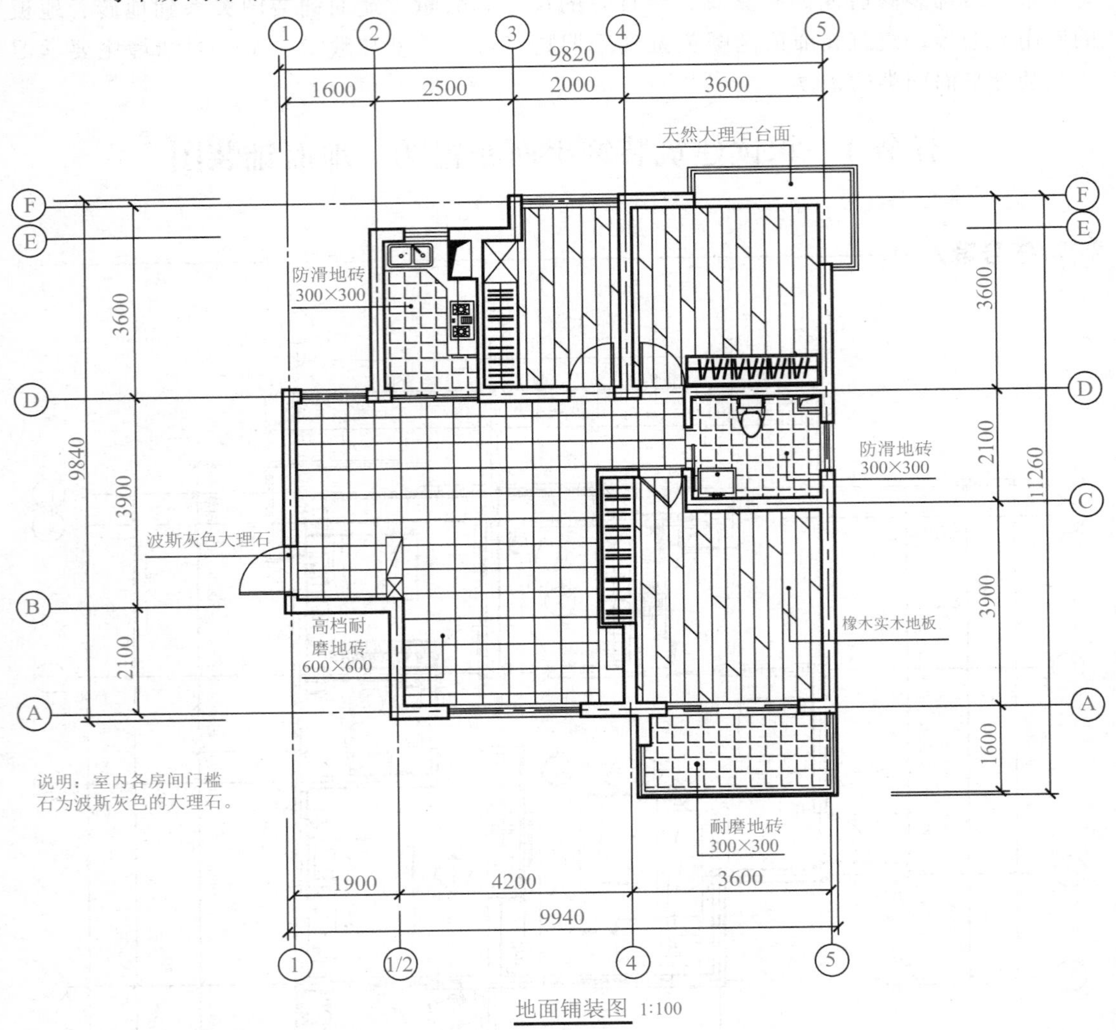

图 4-2-2

思考：

1. 地面铺装图(图 4-2-2)主要绘制哪些内容？
2. 每种材质用什么样的图例表达？
3. 每个房间都用了哪种地面铺贴材料？
4. 怎样确定各种地面铺贴材料的面积？

知识链接

一、识读图名、比例

通过识读图名、比例能明确这是一张什么图，绘图比例多少。一般建筑装饰平面布置图的绘图常用比例同建筑平面图相同，多为 1∶50、1∶100 等。

二、识读户型

图 4-2-1 所示户型为三室两厅一厨一卫。这里“室”一般指的是住宅中的卧室和书房空间；“厅”指的是住宅中的客厅和餐厅空间；“厨”指的是住宅中的厨房空间；“卫”指的是住宅中的卫生间空间。我们经常会看到三室两厅一厨两卫、两室两厅一厨一卫、四室两厅一厨两卫的户型。

三、识读房间的家具和设备

1. 识读家具图例了解室内家具的平面形状、尺寸和摆放位置

从图 4-2-1 的说明中可以看出室内客厅的沙发、餐厅的餐椅、卧室的床和床头柜、书房的写字台组合均为成品家具，即家具市场购买。衣柜、鞋柜、橱柜为现场定制。房屋建筑室内装饰装修制图标准对室内家具图例做了规定，可参照表 4-2-1 或项目 2 中的部分家具平面图图例。

表 4-2-1　家具平面图图例

名称	图例	名称	图例
沙发		冰箱	
床组合		洗衣机	
餐桌组合		燃气灶	
休闲椅		水槽	
健身器材	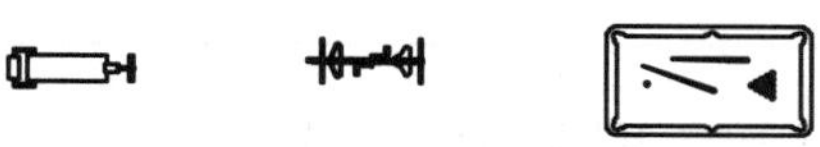	浴缸	
书桌组合		绿化	

续表

名称	图例	名称	图例
钢琴		马桶	
台盆		淋浴房	

2. 识读室内设备图例了解室内常用设备的位置

常用设备图例可见项目 2 中表 2-2-7 常用设备图例的介绍。

3. 识读立面索引符号

立面索引符号表示室内立面在平面上的位置及立面图所在图纸的编号。建筑装饰平面布置图上应使用立面索引符号，绘制标准参照项目 2。

4. 识读房间大小

根据建筑装饰平面布置图的外部标注尺寸可以读出各个房间的开间和进深。注意：部分设计师的建筑装饰平面布置图中标注的尺寸是房间的净尺寸(内墙面之间的距离)。

四、识读地面铺装图

地面铺装图为平面类装饰施工图，在平面图的基础上绘制而成，主要表示各个房间楼地面铺贴的面层材料的形式、尺寸、颜色、规格等。

1. 识读铺贴材料

地面铺装图上标示出各房间的地面材料、拼花图案、分格尺寸、材料颜色说明。

2. 计算铺贴面积

铺贴面积关系到购买材料的数量，地面面积按墙与墙间的净面积以“平方米(m^2)”计算，不扣除间壁墙、穿过地面的柱和附墙烟囱等所占面积。

3. 识读各房间地面标高

与前文读标高的方法相同。

任务实施

读一读：识读图 4-2-1、图 4-2-2 所示的平面布置图和地面铺装图。

(1)两张图的比例为________。

(2)符号 B|C 称为________，表示室内________图在平面图上的位置及所在的图纸

编号。

(3)卧室主要布置了________、________、________家具。

(4)客厅选用的地面铺贴材料为________；书房选用的地面铺贴材料为________；卫生间选用的铺贴材料为________。

(5)飘窗台面选择的铺贴材料为________；门槛石选用的材料为________。

动一动：请给图 4-2-3 所示的家具和设备的图例图上你喜欢的颜色贴到合适的房间(图 4-2-4)，并把这些图例正确抄绘在 A3 图纸上。(教师可以参照本题模式自行选择一张 1∶50 或 1∶100 的原始结构平面图和一张同比例的家具设备图例图进行这种题型的练习。)

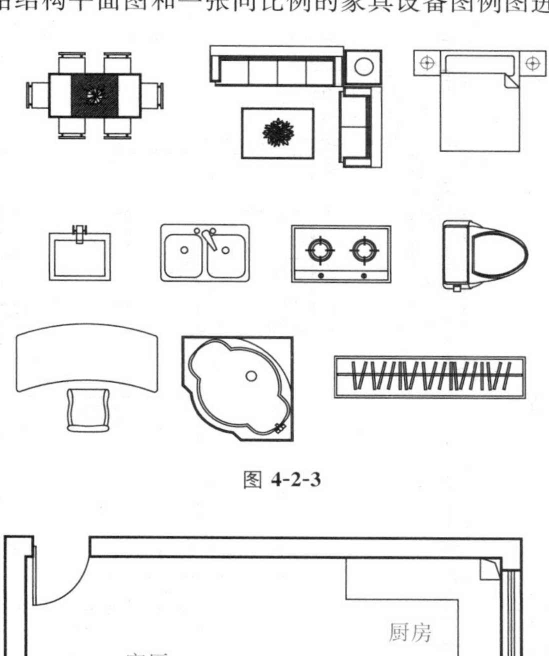

图 4-2-3

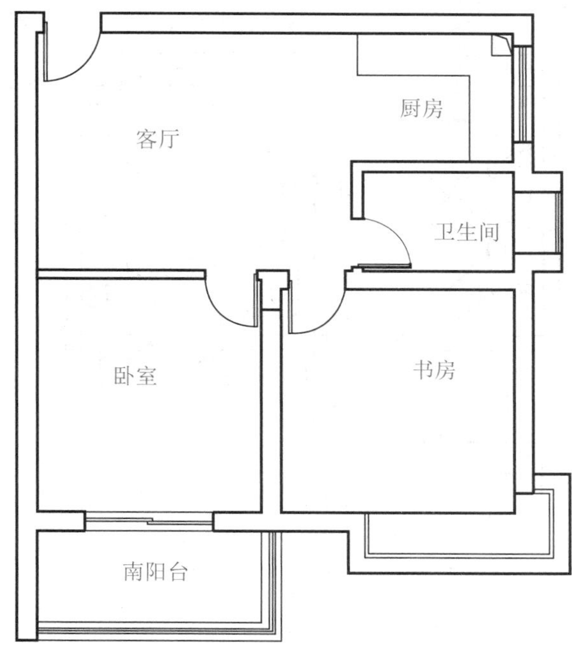

图 4-2-4

任务拓展

练一练：1. 请正确识读图 4-2-5，并看看同图 4-2-1 的区别。（教师可以自由设问，图 4-2-5 是企业常用的建筑装饰平面布置图。）

2. 请试着计算客厅和餐厅的地面铺贴面积。

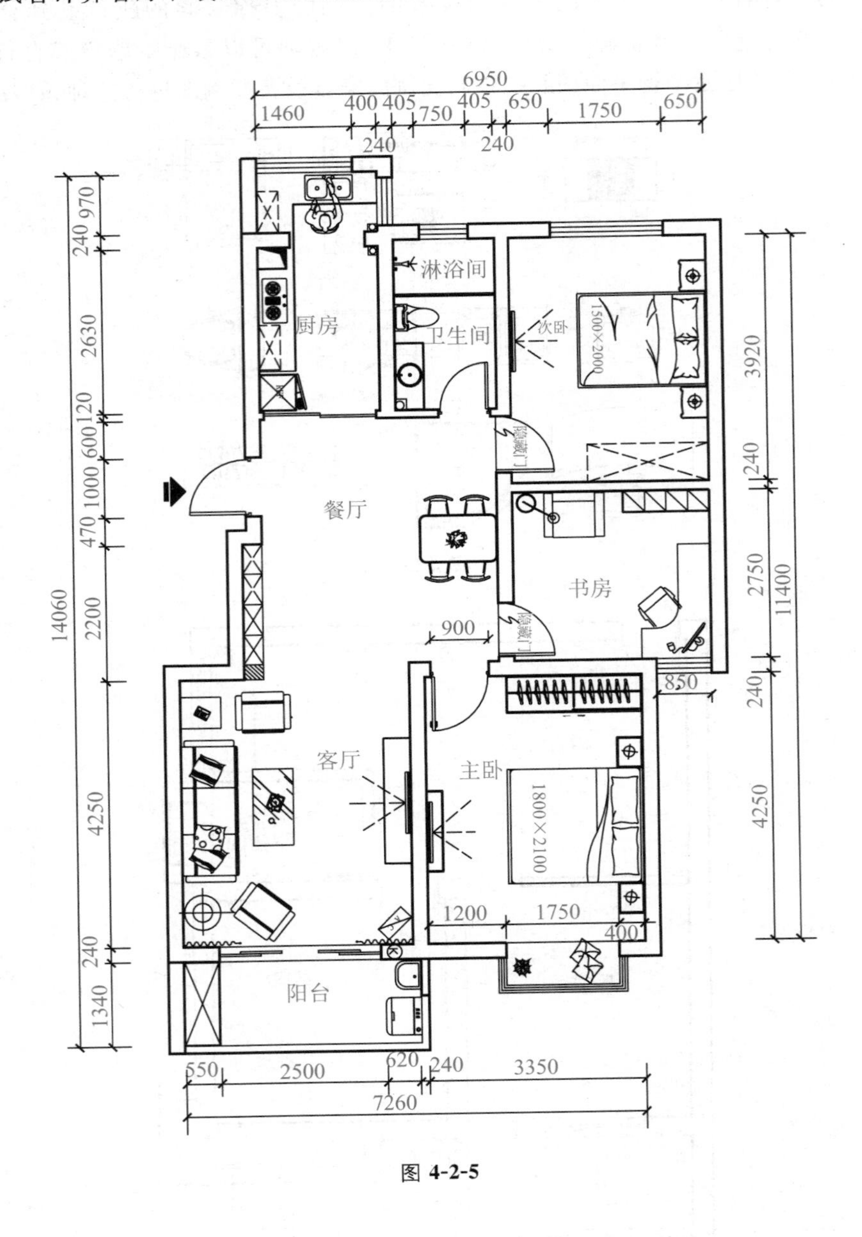

图 4-2-5

任务 2　识读建筑装饰顶棚图

任务导入

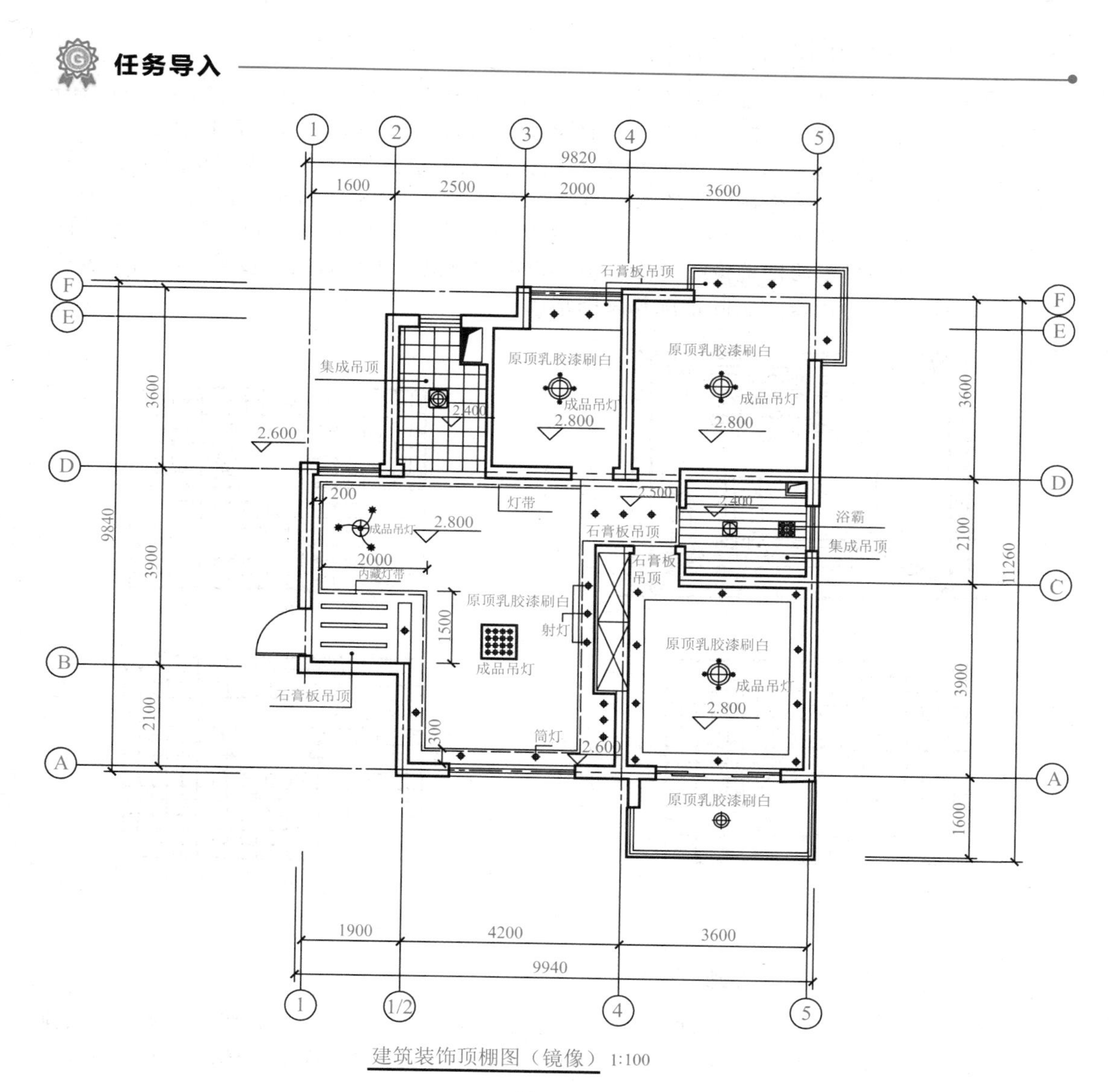

建筑装饰顶棚图（镜像） 1:100

图 4-2-6

思考：

1. 顶棚图(图 4-2-6)的投影原理是镜像投影原理，怎么理解镜像投影？
2. 石膏板吊顶是什么形式的吊顶呢？图示上是怎么表达的？
3. 顶棚上吊灯、筒灯等各种形式的灯在顶棚平面图上怎么表达？
4. 常用的家居吊顶有哪几种形式？能绘出你见过的室内吊顶吗？

知识链接

一、理解顶棚图的绘图原理

室内设计师通过建筑装饰顶棚图来表达顶棚。如果我们采用直接正投影法(俯视看)来绘制顶棚，将得到图 4-2-7(b)，顶棚中的主要构造将被隐藏，图 4-2-7(b)中用虚线表达；如果考虑我们看顶棚是需要仰面向上看的，就此来绘制仰面看顶棚的正投影图，将得到图 4-2-7(c)，但这样绘制出来的图会与实际情况相反。因此，我们可以采用照镜子的原理，把镜面放在顶棚的正下方，代替水平投影面，在镜面中我们得到顶棚的影像，即图 4-2-7(d)，这种投影法即镜像投影法。镜像投影法解决了采用直接正投影某些结构表达不足和采用仰视法会出现与实际情况相反的情况。

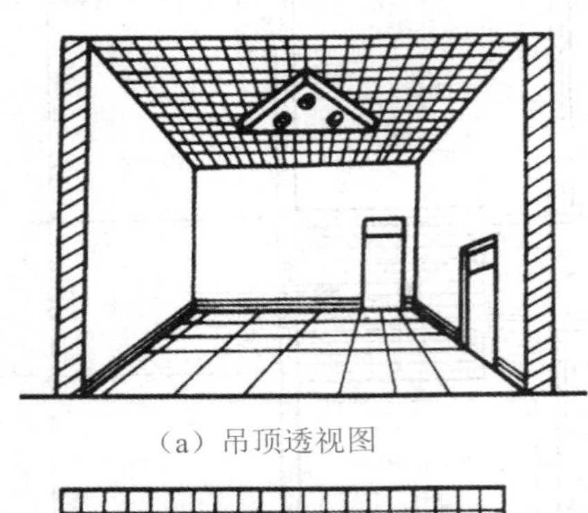
(a) 吊顶透视图

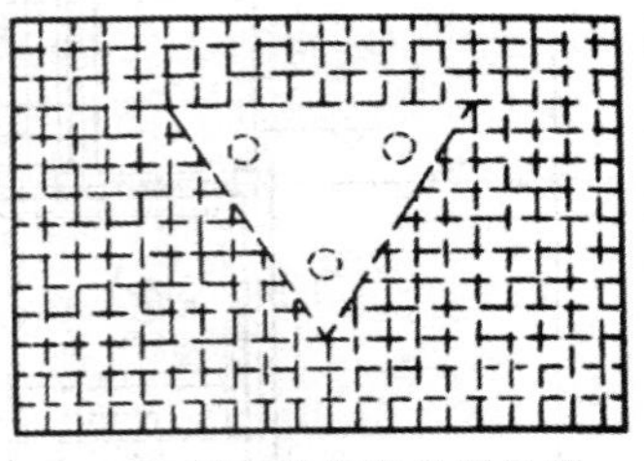
(b) 用正投影法绘制吊顶

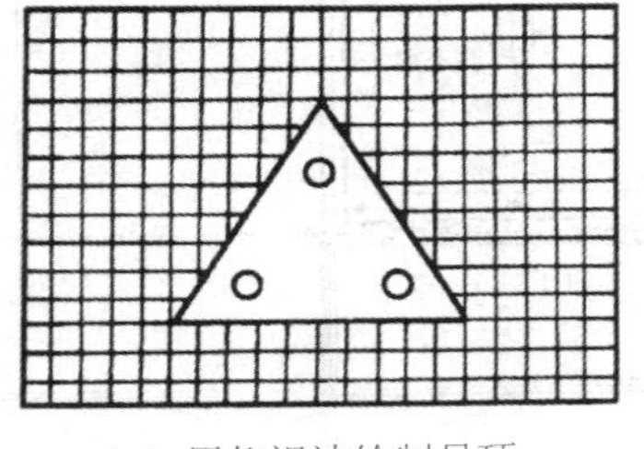
(c) 用仰视法绘制吊顶

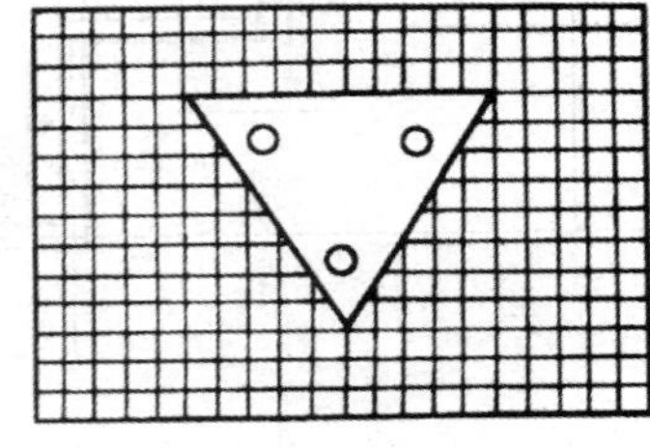
(d) 用镜像投影法绘制吊顶

图 4-2-7

二、识读建筑装饰顶棚图

建筑装饰顶棚图主要表达室内各个房间顶棚的造型、构造形式、材料要求，各个房间顶棚上设置的灯的规格、数量、位置，以及顶棚上其他设备的具体情况。具体读图步骤如下。

1. 识读图名、比例

建筑装饰顶棚图和建筑装饰平面布置图、地面铺装图在同一套图纸中比例相同。

2. 识读各房间顶棚的装饰造型式样、材料、尺寸和标高

(1)根据建筑装饰顶棚图确定各房间选择的吊顶类型

现在家庭装修中最常见的吊顶类型有平面吊顶、迭级吊顶、异型吊顶、直线吊顶、

弧线吊顶、穹形吊顶和无装修吊顶。

平面吊顶：表面没有任何造型和层次，适用于各种居室的吊顶装饰。它常用各种类型的装饰板材(如石膏板)拼接而成，也可以裱糊壁纸、墙布等。

迭级吊顶：不在同一平面的降标高吊顶，类似阶梯的形式。

异型吊顶：本身是不规则图形的吊顶就叫异型吊顶。

直线吊顶：直线吊顶类似顶角线，但顶角线更窄、更细，而直线吊顶的宽度多在20～40 mm，厚度多在8～12 mm。

弧线吊顶：弧线吊顶常要围绕空间走一圈，但线条多是弧形或波浪形。

穹形吊顶：穹形吊顶即拱形或盖形吊顶。

无装修吊顶：虽然没有吊顶，但是在原顶基础上进行表面刷浆、喷涂等。有时为了美观，可以在四周使用石膏线。

(2)根据顶棚图确定各房间吊顶选择的材料

一般室内的吊顶可以分为厨房、卫生间、客厅、卧室、阳台几个部位，顶棚图上会注明各个部位所选择的吊顶材料。例如，现今很多客厅选择的吊顶材料为轻钢龙骨或木龙骨，表面覆石膏板(石膏板类型多种)刷乳胶漆；厨房、卫生间选择集成吊顶等。还有一些特殊的顶棚选择壁纸、透明或彩绘玻璃等特殊的材料来进行装饰。

集成吊顶又叫整体吊顶、整体天花顶，就是将吊顶模块与电器模块均制作成标准规格的可组合式模块，安装时集成在一起，一般用于厨房、卫生间以及阳台。随着相关行业的不断发展壮大，现阶段已向全房集成家居吊顶方向发展。

(3)读顶棚尺寸和标高

读顶棚尺寸：顶棚图上会注明顶棚造型的各部位的尺寸。例如，客厅选择直线型吊顶，会标注石膏板覆盖的宽度、厚度和长度。

读标高：顶棚图上的标高是各种顶棚造型后的棚底面距离地面或灯的安装位置距离地面的垂直高度。要注意与原始结构顶棚的高度值进行对比。

(4)读灯具式样、规格及位置

根据顶棚图，可以确定灯具的安装位置和灯具的类型、数量。例如，图4-2-6中，玄关布置了三条带状条形灯。

一般室内的灯可以分为厨房、卫生间、客厅、卧室、阳台几个部位的灯。厨房、卫生间结合集成吊顶配备好的灯具(多为吸顶灯)和取暖设备；客厅多为艺术吊灯和筒灯或射灯的组合；餐厅有餐吊灯；卧室有的选择吸顶灯或小型艺术吊灯；阳台灯有吸顶灯或小型艺术吊灯。灯的款式多样，但是同类型灯的图例应相同。

(5)读设备在顶棚上的位置

在厨房和卫生间的顶棚上靠近通风道处，有时会设置排气扇，也需在顶棚图上注明。中央空调等设备的位置、尺寸也需在顶棚图上注明。

(6)读剖面图剖切符号的位置

读剖切符号方法与平面图中剖切符号读法相同。

任务实施

填一填：识读图 4-2-6 所示的顶棚平面图。

(1)建筑装饰顶棚平面图一般采用________投影法绘制。

(2)玄关处采用________吊顶形式，照明选用了________灯。

(3)厨房采用________吊顶，棚底标高为________。

(4)电视背景墙部位的照明灯为________，安装灯具个数为________。

(5)客厅石膏板宽度为________，厚度为________。

(6)客厅顶棚图虚线表示________。

(7)在绘制顶棚图时，被剖到的墙、柱用________线型绘制。直通顶棚的高柜等家具用________图例表示。

(8)请列一列你所知道的照明设备并查找出它的图例。

算一算：如果你是这套住宅的业主，根据图 4-2-6 所示的顶棚图该怎样进行灯具采购呢？请你试着设计一个表格，列一个灯具采购单。

绘一绘：请说一说图 4-2-8 的吊顶类型，并按照第一种吊顶的形式试着在图 4-2-9 的客厅中绘一绘。(吊顶各部位尺寸可自定。)

图 4-2-8

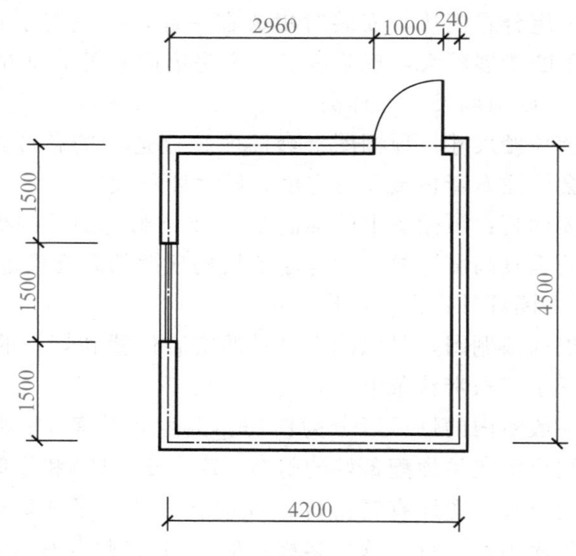

图 4-2-9

注：墙体厚度为 240 mm，层高为 2.800 m。

任务拓展

练一练：(1)请正确识读图 4-2-10 所示的顶面布置图。

(2)请列出灯具采购表。

(3)请试着算一算厨房、卫生间采用集成吊顶的面积。

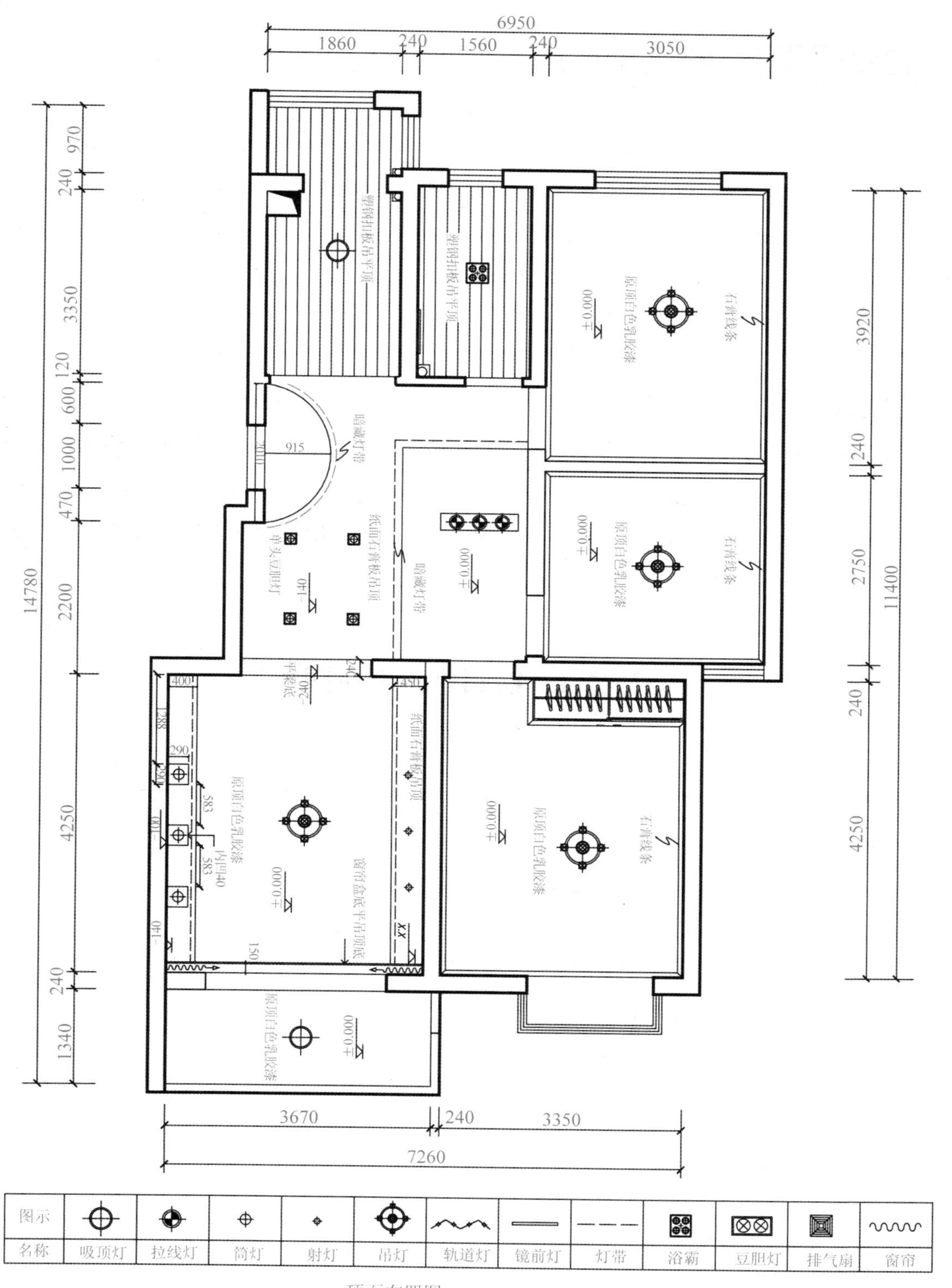

顶面布置图 1:100

图 4-2-10

学习情境3 绘制平面图

学习目标

1. 掌握建筑平面图和建筑装饰平面图的绘图思路和步骤。
2. 运用 AutoCAD 软件绘制建筑平面图。
3. 运用 AutoCAD 软件绘制建筑装饰平面图。
4. 再一次熟记房屋建筑制图平面图国家标准。

情境描述

熟练运用 AutoCAD 软件绘制施工图是建筑类设计人员必备的基本技能。本学习情境要求学生通过对已有的平面图抄绘来强化练习，学生在抄绘过程中不仅可以练习 AutoCAD 软件的操作，还可以了解各空间的组织以及施工图绘制的内容和要求。本学习情境主要通过两个任务来学习建筑装饰平面图的绘制。

任务1 绘制建筑平面图

任务导入

思考：

1. 图 4-3-1 所示的平面图的绘图环境怎么设置？
2. 计算机绘平面图的绘图步骤和手绘平面图的步骤相同吗？
3. 平面图的绘图比例该怎么设置？
4. 绘平面图的常用命令有哪些？
5. 想一想怎么提高绘图速度？

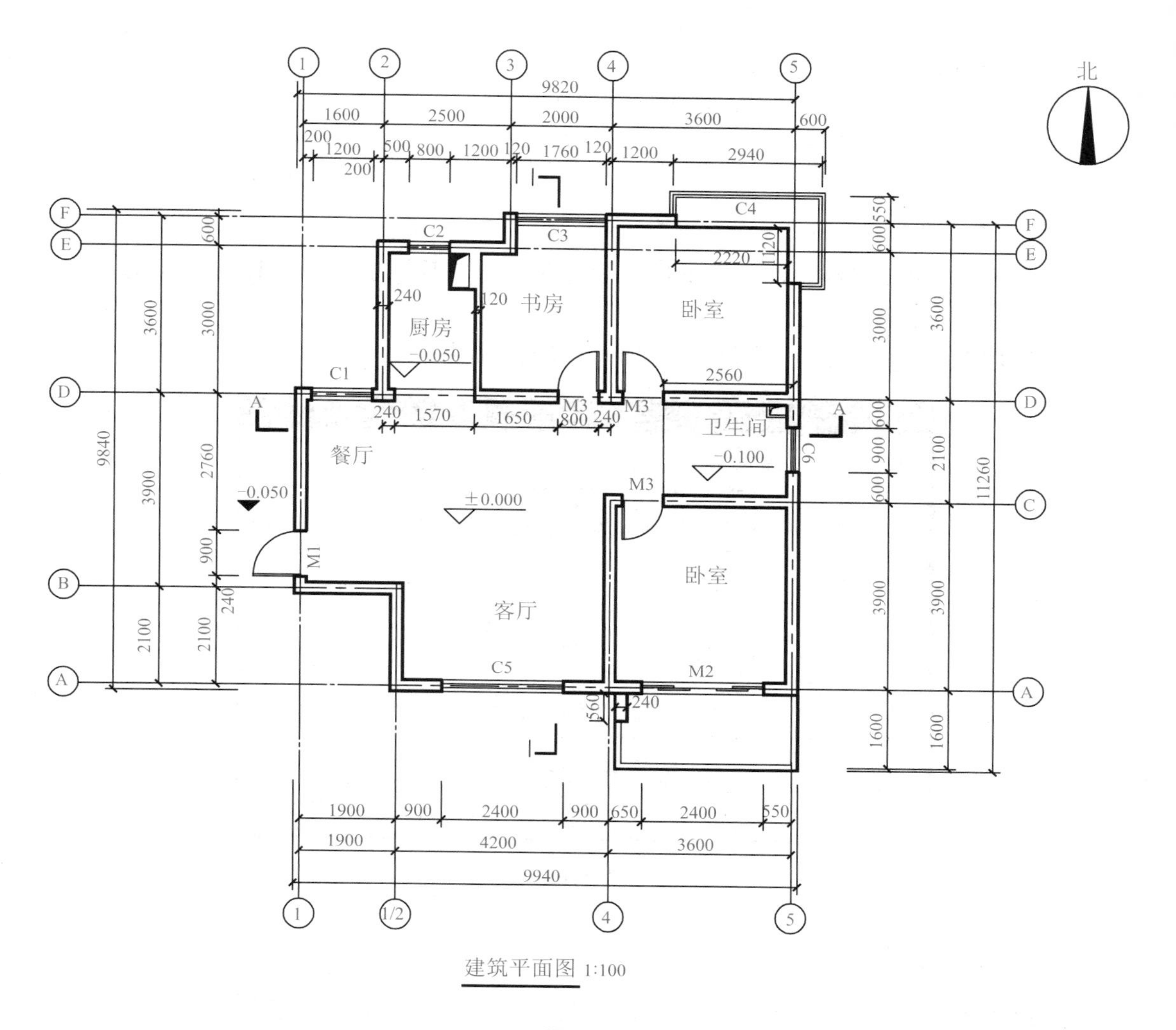

图 4-3-1

任务实施

一、设置绘图环境

绘图前首先需要设置规范的绘图环境，设置内容包括图形界限、图层、文字、标注等，只有各个项目设置合理了，才能保证绘制的建筑平面图清晰、准确。

1. 设置绘图界限

根据图形大小选择合适的图纸，平面图常用比例为 1∶100，如果选择 A3 图纸，设置的绘图区域为 42000×29700，即 A3 图纸大小的 100 倍。命令：limits(格式——图形界限)。操作步骤如下。

重新设置模型空间界限：
指定左下角点或[开(ON)/关(OFF)]<0.0000，0.0000>：
指定右上角点<420.0000，297.0000>：42000，29700

2. 设置图层

为了便于编辑、修改，使图形的特征信息清晰、有序，需要合理设置图层的名称、线型、颜色和线宽等属性。

操作步骤：LA(格式——图层)，按图4-3-2建立图层。

图 4-3-2

3. 设置文字样式

设置文字样式主要是设置文字的字体、样式、大小、宽、高和比例等属性。

操作步骤：ST(格式——文字样式)，字体按图4-3-3设置。

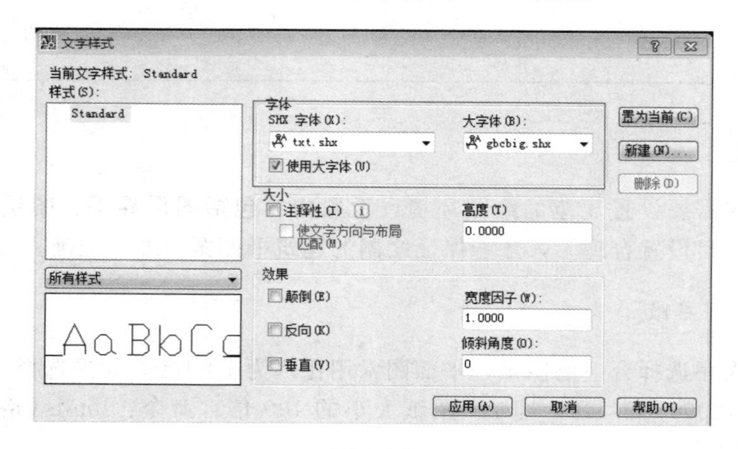

图 4-3-3

4. 设置尺寸标注样式

AutoCAD 适应较多行业的绘图，建筑图对尺寸标注有特殊的规定，因此在绘制建筑图时，必须按照实际要求设置好标注的样式，如图 4-3-4 所示。

操作步骤：D(格式——标注样式)。

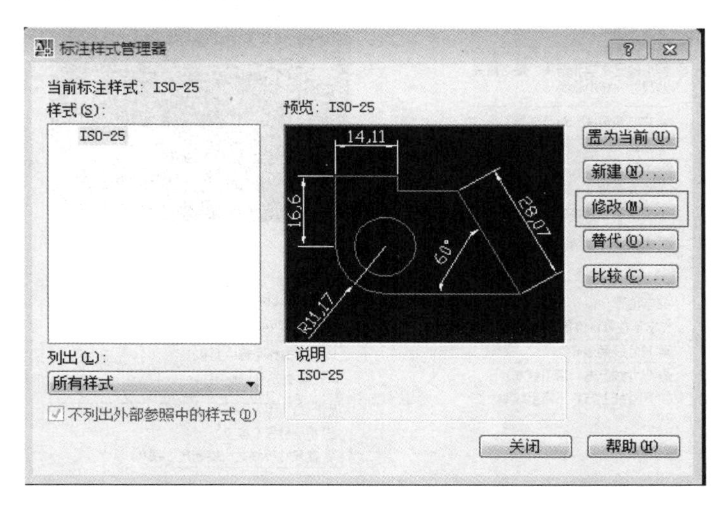

图 4-3-4

(1)文字选项卡

单击文字选项卡，设置文字样式、大小和对齐方式，如图 4-3-5 所示。

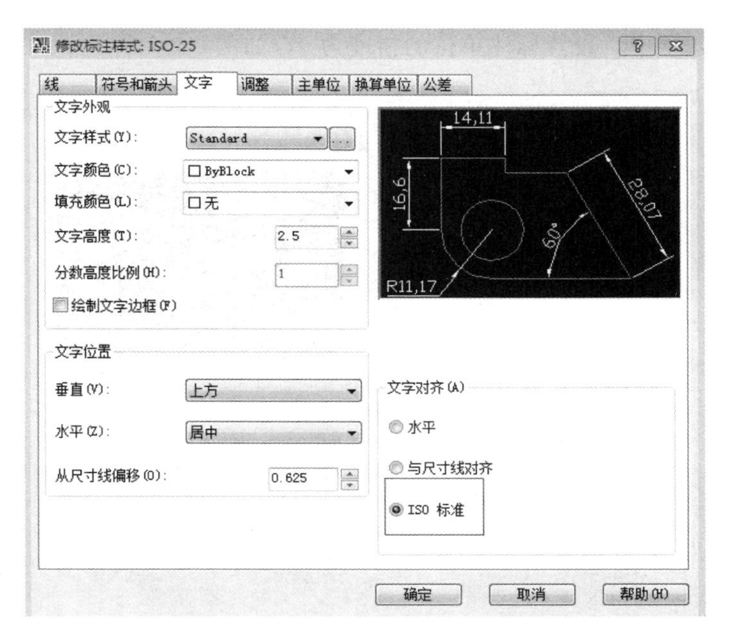

图 4-3-5

(2)调整选项卡

单击调整选项卡，设置全局比例 100，这个值可根据实际绘图时使用的比例来调整，而不用再修改其他参数，如图 4-3-6 所示。

图 4-3-6

(3)主单位选项卡

单击主单位选项卡，设置标注单位的精度为 0，如图 4-3-7 所示。

图 4-3-7

(4)符号和箭头选项卡

单击符号和箭头选项卡，对于建筑图，需要修改箭头为建筑标记，同时将箭头的大小改小一些，国标要求尺寸起止符号为 2～3 mm，其他参数均按公共参数设置，如不合适，可微调整，如图 4-3-8 所示。

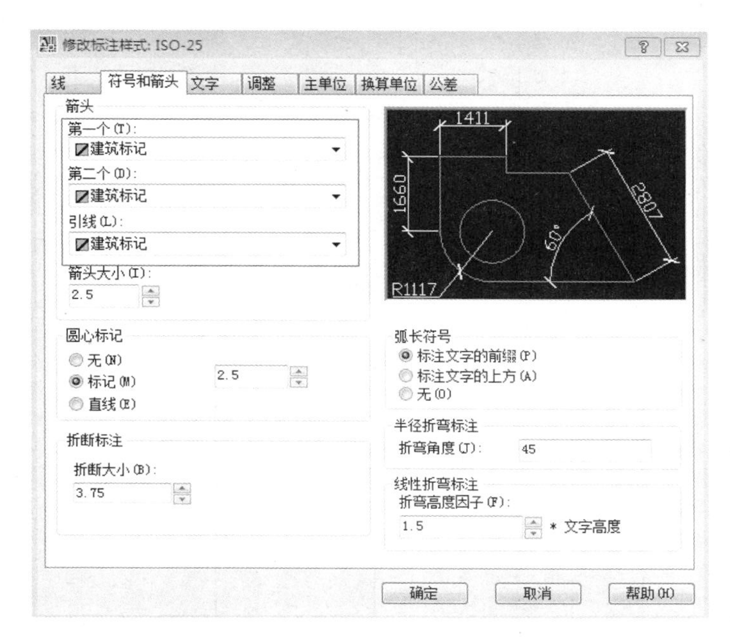

图 **4-3-8**

二、绘制平面图

输入快捷键(Z)和全屏缩放(A)后，进入绘制平面图阶段，平面图绘制步骤可以按照绘制定位轴线—绘制墙线—绘制阳台—绘制门窗—添加门窗—尺寸标注—文字标注和标高的顺序进行。

1. 绘制定位轴线

定位轴线是墙体、柱子等的定位线，因此绘平面图时绘制定位轴线是绘图的第一步。用细单点划线绘制定位轴线。具体绘制步骤如下。

单击图层工具栏中的下三角按钮，在下拉列表框中选择轴线层作为当前图层。

运用直线命令(L)，在绘图区域选择合适的位置绘制一条垂线和一条水平线，长度不限，但是必须超过这条轴线所表示的墙体总长度，如图 4-3-9 所示。

运用偏移命令(O)，根据图 4-3-1 中该户型的各个房间的开间和进深尺寸来决定偏移的距离，完成图如图 4-3-10 所示。

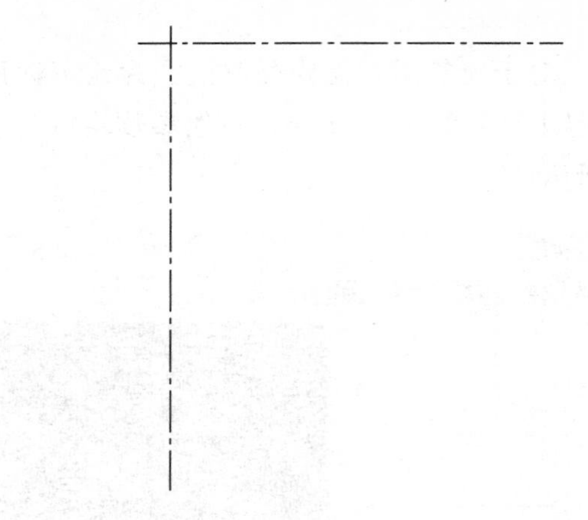

图 4-3-9

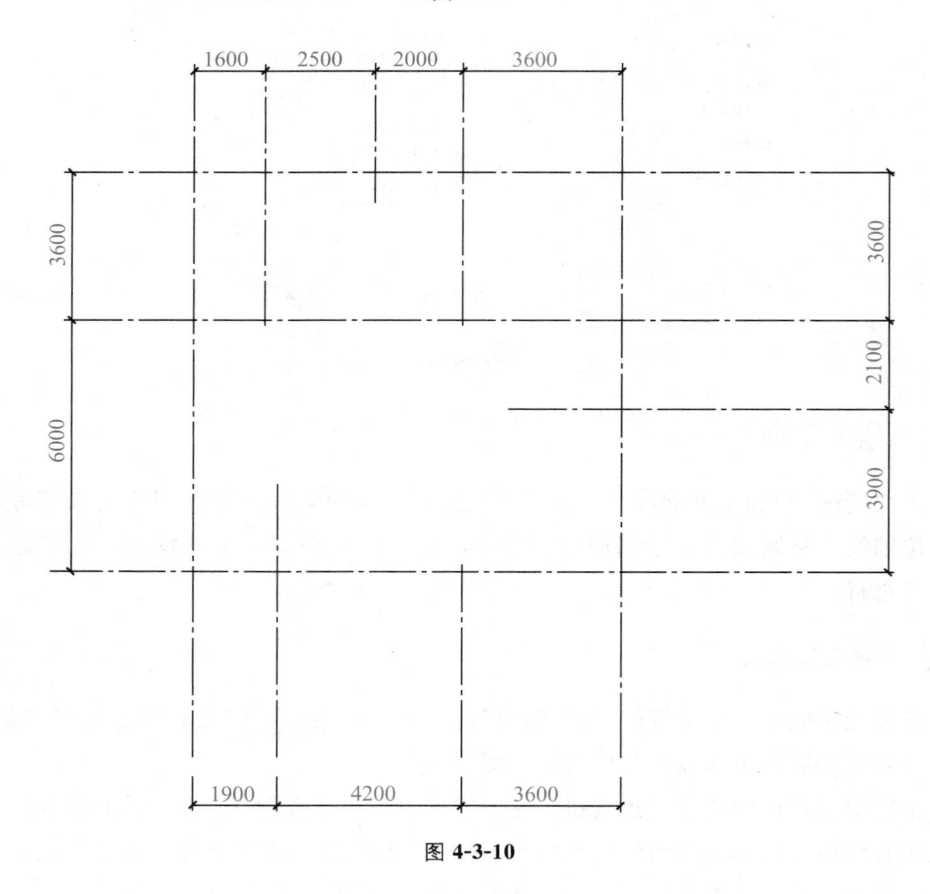

图 4-3-10

2. 绘制墙线

平面图中墙线是以定位轴线为中心线的平行线，在绘图中我们可以使用多线命令(ML)来绘制墙线，这样我们可以在多线中方便地设置墙体的厚度。有的设计师量取内墙尺寸后直接以内墙尺寸为标准绘制建筑平面图，这种图样(图 4-3-20)无定位轴线，绘制这种图时可以先用直线命令(L)绘制出内墙线，然后根据墙体尺寸使用偏移命令(O)绘制外墙线。

把墙线层作为当前层。使用多线命令(ML)绘制墙线，输入多线命令后，要注意设置多线中的参数，具体操作如下，绘制完成图如图 4-3-11 所示。

```
命令：ML
MLINE
当前设置：对正＝上，比例＝20.00，样式＝STANDARD
指定起点或[对正(J)/比例(S)/样式(ST)]：J
输入对正类型[上(T)/无(Z)/下(B)]<上>：Z
当前设置：对正＝无，比例＝20.00，样式＝STANDARD
指定起点或[对正(J)/比例(S)/样式(ST)]：S
输入多线比例<20.00>：240
当前设置：对正＝无，比例＝240.00，样式＝STANDARD
指定起点或[对正(J)/比例(S)/样式(ST)]：
```

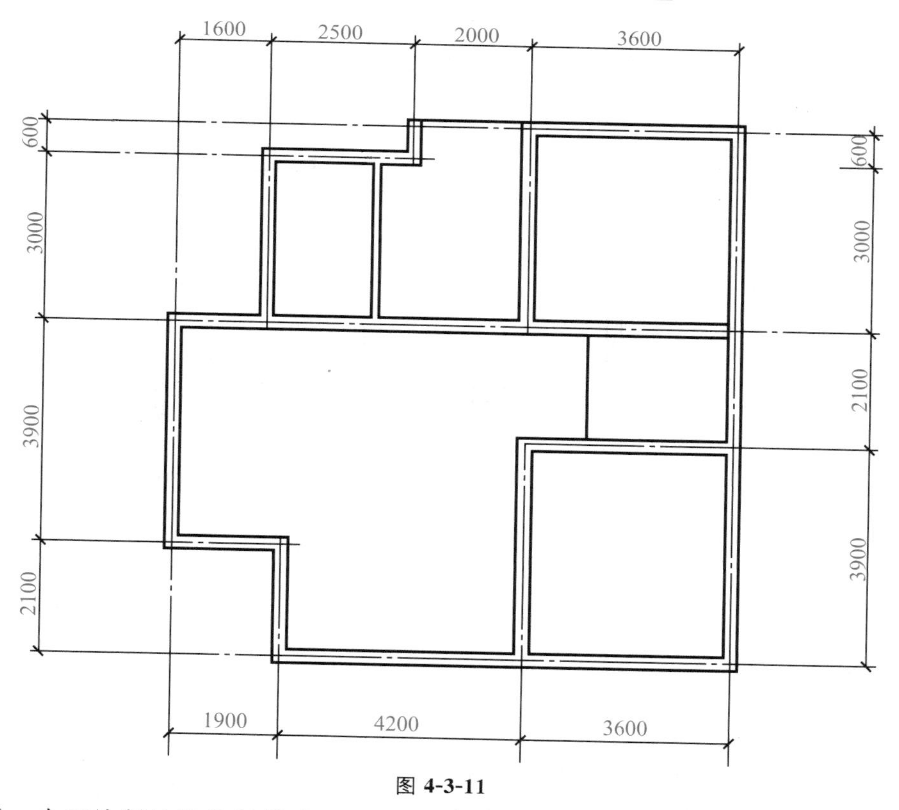

图 4-3-11

提示：由于绘制的定位轴线有时和内墙、附加墙的位置并不完全吻合，所以有时还需要增添辅助轴线来定位；图 4-3-1 中厨房和书房的隔墙厚度为 120 mm，这里多线宽度需要设置成 120。

3. 绘制阳台

墙线画好后，还需要绘制阳台，图 4-3-1 中靠近主卧室处有一阳台，阳台的墙体也为 120 mm。由于图 4-3-1 中只有一个阳台，因此可以把阳台和墙线放在同一图层上，如果阳台数量多于一个，建议专门设置阳台层。操作步骤和绘制墙线时的步骤相似：将当前图层设置成墙线层，使用多线命令(ML)，设置比例宽度为 120。完成图如图 4-3-12 所示。

提示：墙线和阳台都绘制完成后检查多线交界处，如有不符合的地方可以把多线用分解命令(X)进行分解，再用修剪命令(TR)进行修剪。

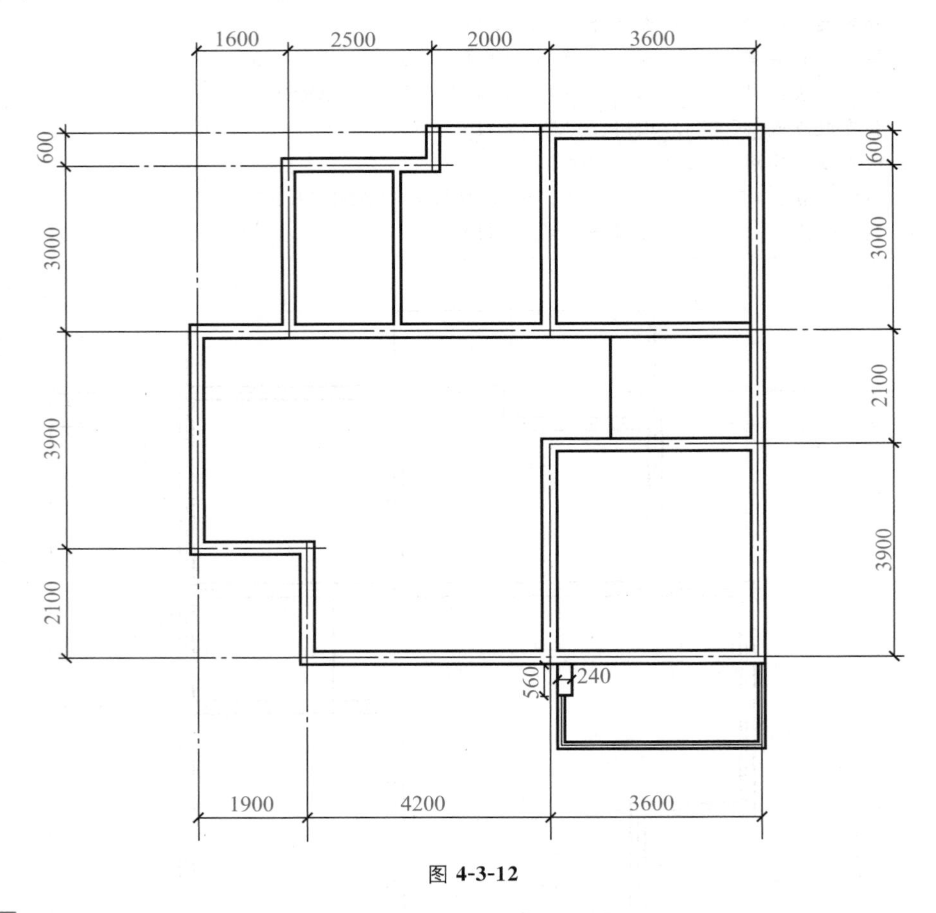

图 **4-3-12**

4. 绘制门窗

(1)绘制门

图 4-3-1 中共有三种不同尺寸规格的门，其中一扇门 M2 为推拉的 4 扇移门，门宽度为 2400 mm。另外两扇为普通的单扇平开门，其中代号为 M1 的门宽度为 900 mm，代号为 M3 的门宽度为 800 mm。门的画法大多使用矩形命令(REC)和圆弧命令(A)来绘制，具体画法可参照项目 2 中门的画法，完成图如图 4-3-13 所示。

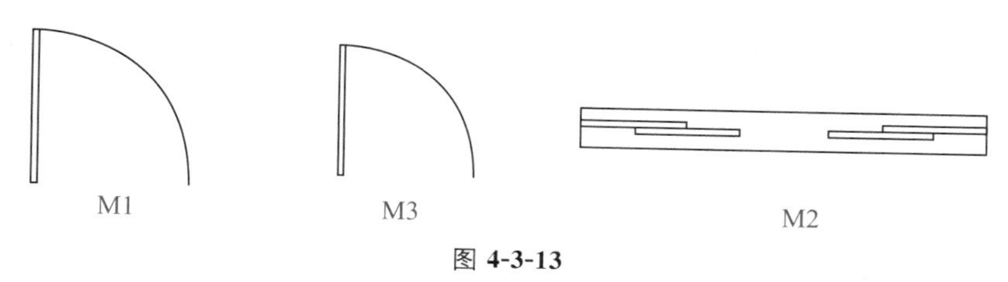

图 4-3-13

(2)绘制窗

图 4-3-1 中共有六种不同尺寸规格的窗，其中 C1、C2、C3、C5、C6 为同一类型的窗，只是尺寸不同，C4 为转角大飘窗，绘制方法与阳台类似，这里就不再介绍。

以 C1 窗为例，操作步骤为：使用矩形命令(REC)绘制一长度为 1200 mm，宽度为 240 mm 的矩形，然后使用分解命令(X)进行分解，最后用偏移命令(O)偏移两次，偏移距离为 80 mm 得到窗线，如图 4-3-14 所示。

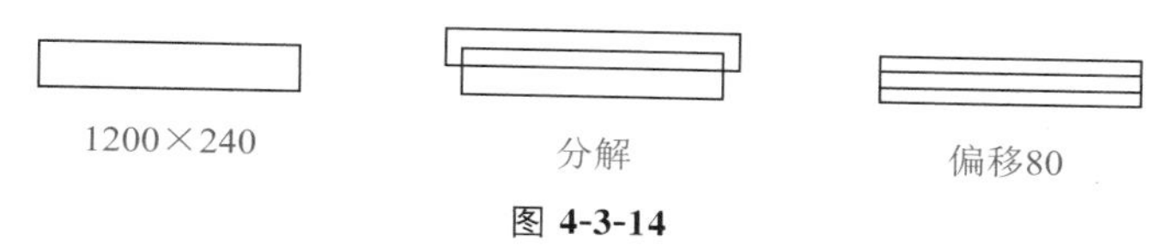

图 4-3-14

(3)定义图块

当门窗全部绘制完成后，为了以后使用门窗方便，可以把门窗定义成图块。以 M1 门为例定义图块，操作步骤如下。

使用创建块命令(B)，弹出图 4-3-15 所示的对话框，在对话框中的名称下拉列表框中输入块的名称(名称自定)，按 Enter 或者“确定”，系统自动返回，选择在门上绘制的直线的下端点作为插入基点，最后单击“确定”完成块的定义。

使用同样的方法将其他门窗定义为图块。

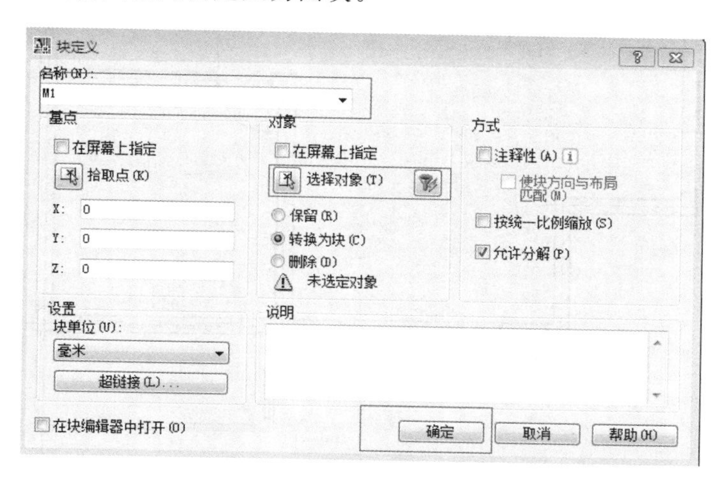

图 4-3-15

5. 添加门窗

门窗绘制好以后，需要把门窗添加到墙体上。操作步骤如下。

将当前图层设置成墙线层，使用插入图块命令(I)插入门 M3，如图 4-3-16 所示。

将门插入后，使用修剪命令(TR)将多余的墙线减掉，完成图如图 4-3-17 所示。

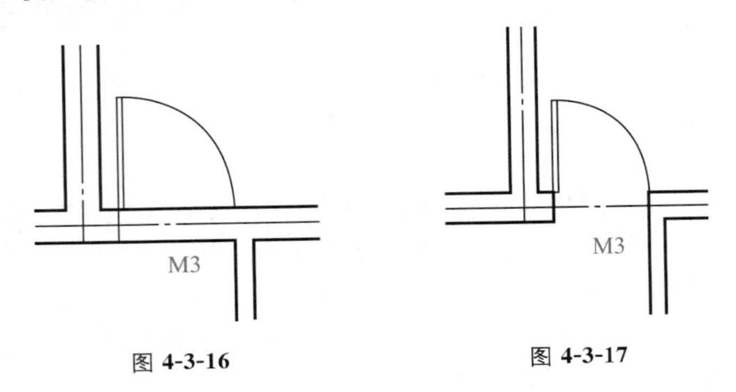

图 4-3-16　　　　图 4-3-17

用相同的方法完成所有门窗的添加，其中图 4-3-1 中次卧室的门和书房的门可以采用镜像命令(MI)完成，有些门的开启方向不同，要注意调整。完成图如图 4-3-18 所示。

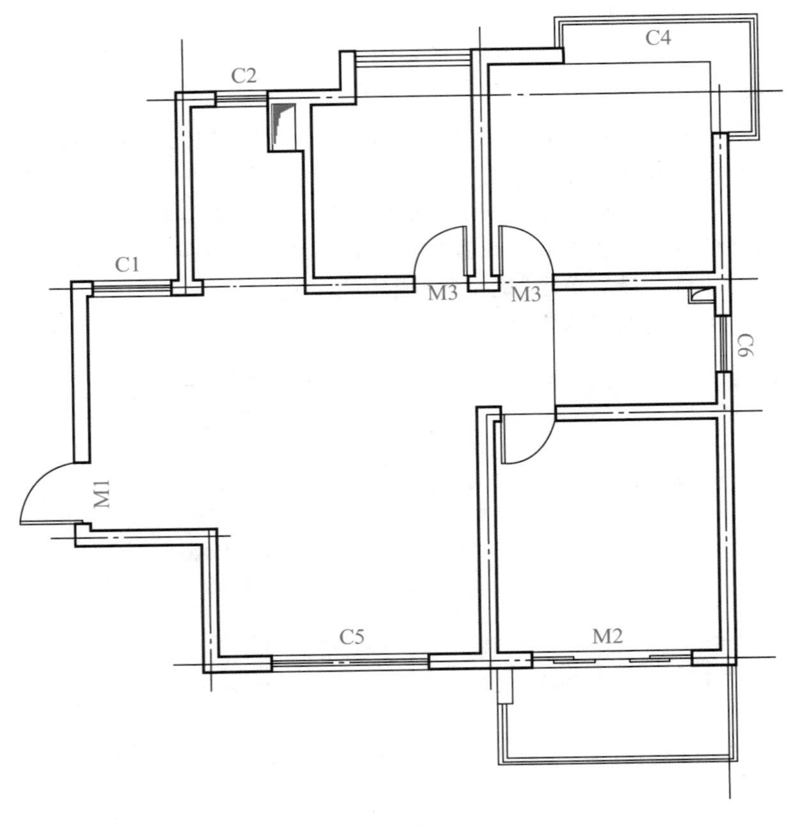

图 4-3-18

6. 完成尺寸标注、文字标注和标高

如图 4-3-19 所示，调出尺寸标注对话框选择线性标注和连续标注，按照图 4-3-1 所示

进行内外尺寸的标注。

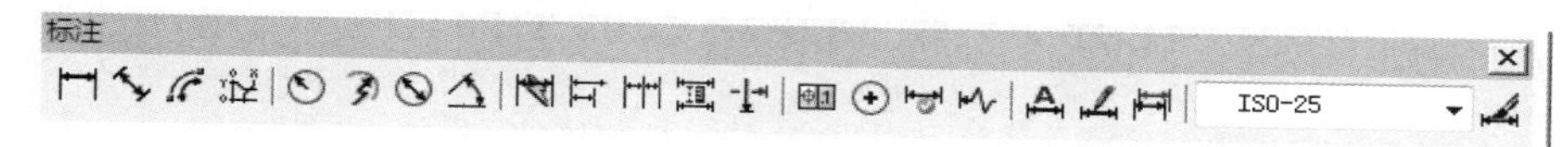

图 4-3-19

使用多行文字命令(MT)，选择字大小为 200，字体为宋体，完成图 4-3-1 中文字的标注。

地面标高符号绘制参照项目 2 中标高的画法，这里将不再详述。

想一想：1. 门窗是怎么定位和绘制的？你能用几种方法？哪种最简单？

2. 墙线除了用多线命令外，还可以用什么方法绘制？请试一试。

3. 定义属性块命令你用了吗？用在了哪里？

任务拓展

绘一绘：通过本任务的学习，参照前面所学的内容正确绘制图 4-3-20 所示的建筑平面图。

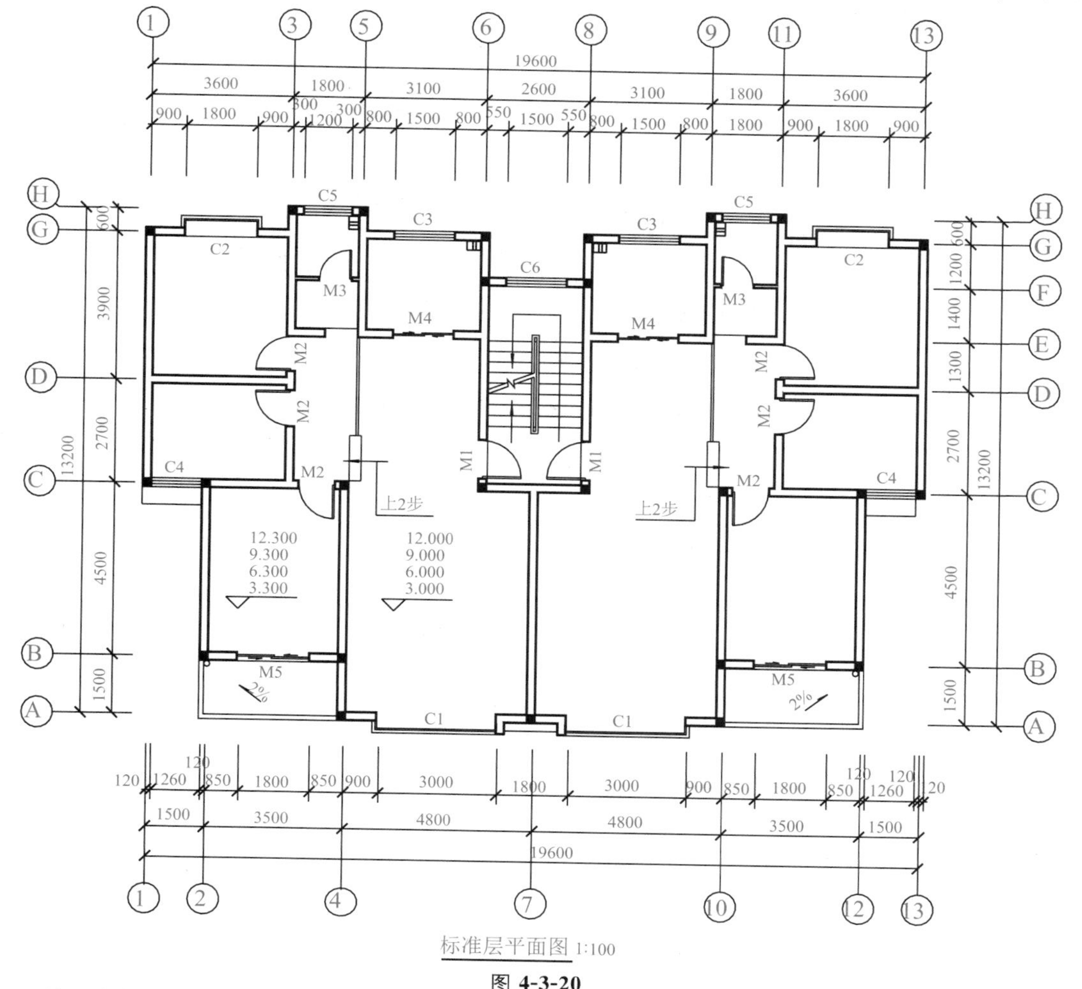

标准层平面图 1:100

图 4-3-20

注：未标注墙体厚度均为 240 mm；混凝土柱截面尺寸为 240 mm×240 mm。

任务 2　绘制建筑装饰平面图

任务导入

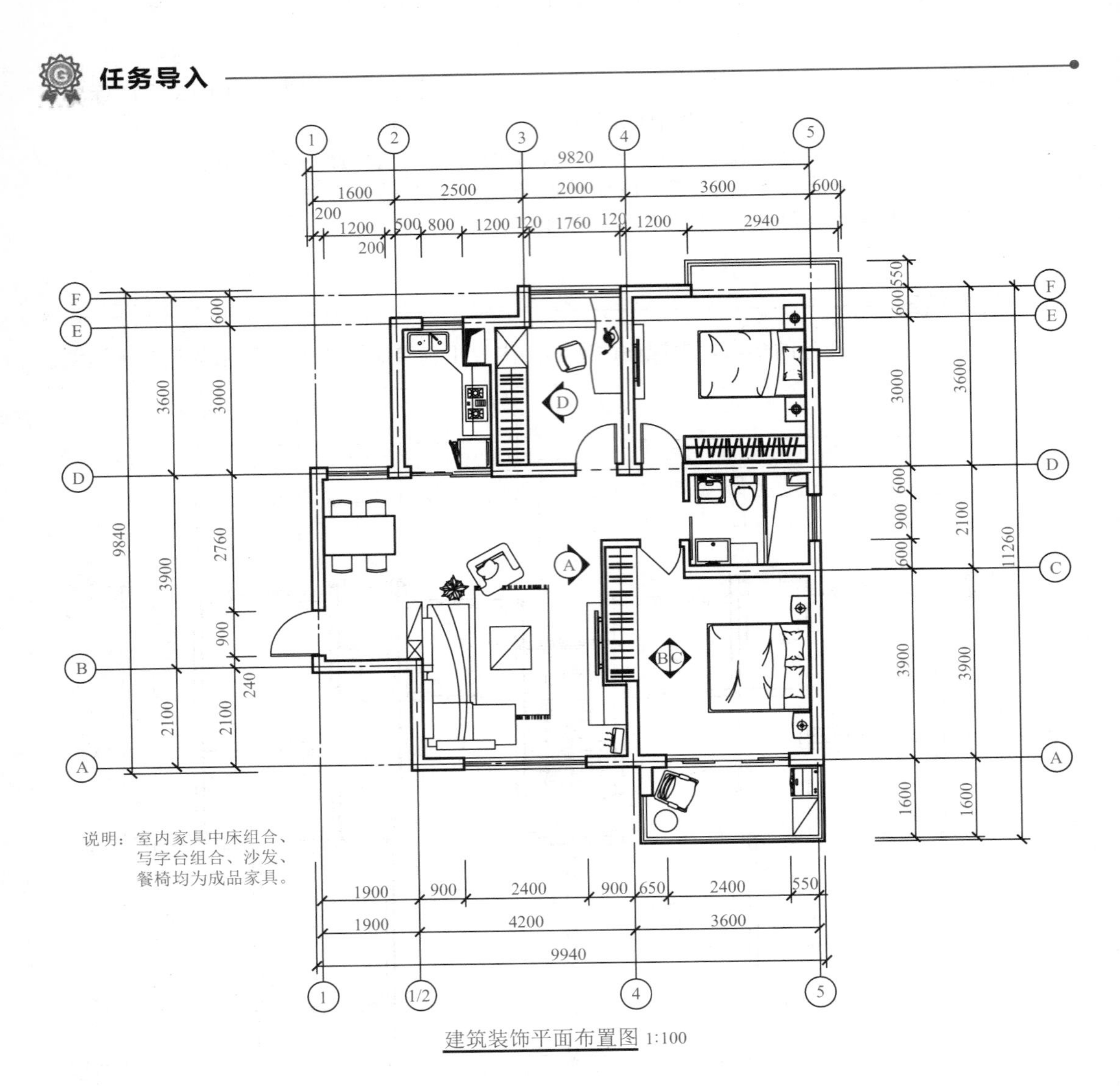

图 4-3-21

思考：

1. 计算机绘制建筑装饰平面图(图 4-3-21)的步骤是什么？
2. 定制家具如衣柜怎么绘制？
3. 成品家具图库怎么调用？
4. 立面索引符号怎么绘制？
5. 家具图例怎么定位到各个室内空间？

任务实施

建筑装饰平面图是在原始结构平面图的基础上，把成品或者定制家具、电器等设施在室内进行相对定位的一种图解形式，因此本任务将以客厅、厨房、卫生间、卧室为例介绍部分室内家具等设备的绘制和定位。

一、客厅家具的绘制

添加家具图层，将家具图层作为当前层。

1. 绘制电视背景墙

以图 4-3-21 中的电视背景墙为例，这个背景墙比较特殊，客厅和卧室以衣柜作为隔墙，即卧室衣柜的背面就是电视背景墙面。操作步骤如下。

(1)绘制客厅与卧室之间的衣柜

使用矩形命令(REC)绘制一尺寸为 600 mm×2760 mm 的矩形，然后使用分解命令(X)将矩形分解，再使用偏移命令(O)偏移矩形的一条边，最后打开 CAD 图库，选择衣柜中的衣架图例复制到矩形中，衣柜完成图如图 4-3-22 所示。注意：衣柜中衣架的多少取决于衣柜的尺寸，在复制时需要根据衣柜的尺寸增减图库中原有的衣架数量。

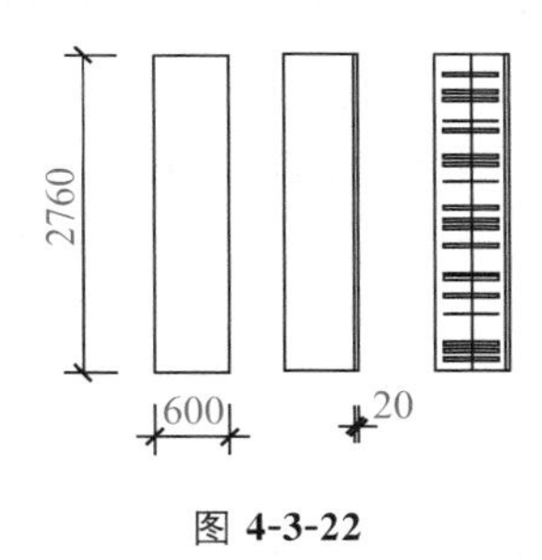

图 4-3-22

(2)电视背景墙(衣柜)定位

捕捉客厅墙椭圆标示点，将衣柜插入图中，再按照图 4-3-21 中的图示和尺寸，运用修剪、偏移、倒角等命令进行图形修改。绘图过程及最终完成图如图 4-3-23 所示。

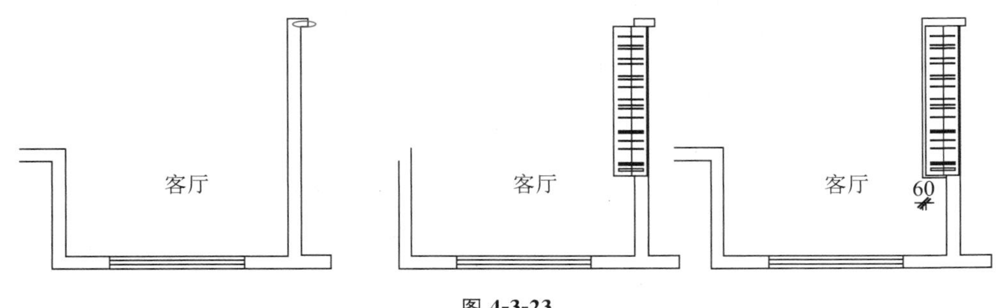

图 4-3-23

2. 绘制电视柜

使用矩形命令(REC)绘制一尺寸为 300 mm×2500 mm 的矩形电视柜，将电视柜以图示中的定位点作为插入点定位到电视背景墙处，完成电视柜的定位，最后按照图 4-3-21 补绘完成电视柜的其余图线。绘图过程及最终完成图如图 4-3-24 所示。

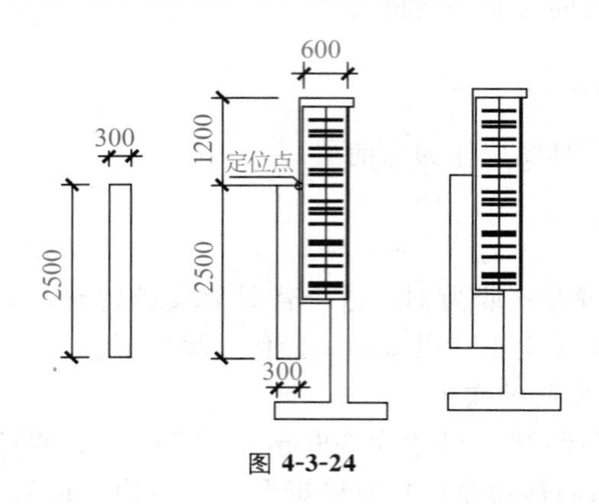

图 4-3-24

3. 完成客厅其他家具及设备

客厅中沙发组合、茶几、电视机、空调、绿化等直接从图库中调用即可，方法相同。以沙发为例，操作步骤如下。

打开图库文件，选择合适的沙发组合图例，按 Ctrl+C 组合键复制，然后切换到当前文件，在图上合适的位置按 Ctrl + V 组合键，完成沙发的绘制，最终客厅完成图如图 4-3-25所示。

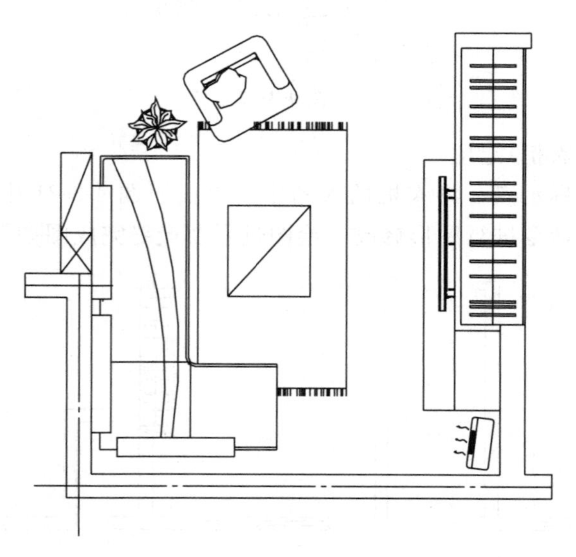

图 4-3-25

二、厨房设备的绘制

图 4-3-21 中厨房里布置了操作台、水槽、燃气灶、电冰箱等设备，由于水槽、燃气灶、电冰箱在图库中可以直接调用，因此这里只介绍厨房操作台的绘制方法。

可以使用多段线命令(PL)来绘制操作台，图 4-3-21 需要绘制两段多段线，最后用直线将两段多段线连接起来，操作过程如图 4-3-26 所示。操作步骤如下。

```
命令：PL
指定起点：(图中箭头为多段线绘制的起点)
指定下一个点或[圆弧(A)/半宽(H)/长度(L)/放弃(U)/宽度(W)]：550
指定下一个点或[圆弧(A)/闭合(C)/半宽(H)/长度(L)/放弃(U)/宽度(W)]：780
PLINE
指定起点：(图中另一个箭头为多段线绘制的起点)
指定下一个点或[圆弧(A)/半宽(H)/长度(L)/放弃(U)/宽度(W)]：1420
指定下一个点或[圆弧(A)/闭合(C)/半宽(H)/长度(L)/放弃(U)/宽度(W)]：550
指定下一个点或[圆弧(A)/闭合(C)/半宽(H)/长度(L)/放弃(U)/宽度(W)]：1250
命令：L
LINE 指定第一个点：
指定下一个点或[放弃(U)]：<正交　关>
```

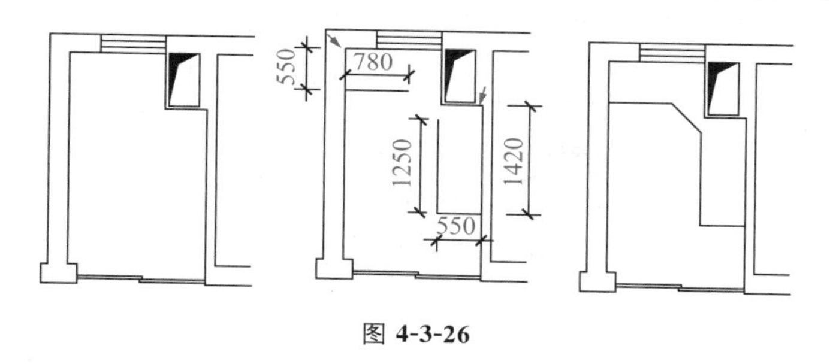

图 4-3-26

打开图库，在图中插入燃气灶、冰箱、水槽等设备，完成图如图 4-3-27 所示。

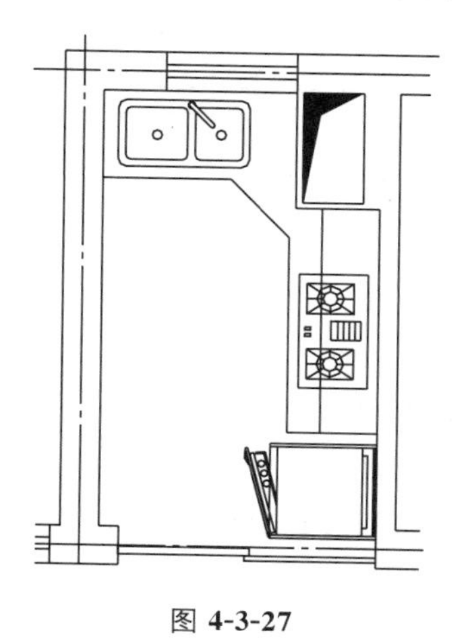

图 4-3-27

三、卫生间设备的绘制

图 4-3-21 中有一个卫生间，卫生间里有马桶、洗盆、洗衣机、立式淋浴房等。图库中有丰富的卫生间设备图，我们无须绘制，只需将图库中的相应设备图复制到指定位置即可，操作过程中要注意：如果直接插入洗盆的图块，图块的尺寸不一定和你的卫生间匹配，这时可以先绘制洗盆下的浴室柜，按照浴室柜的位置确定洗盆的位置。操作步骤如下。

首先，用直线命令(L)绘制浴室柜平面图，如图 4-3-28 所示。

其次，将图库中的洗盆复制到浴室柜左侧，如图 4-3-29 所示。

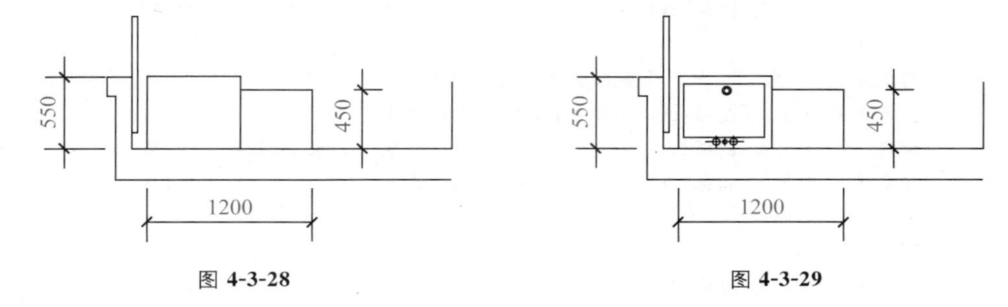

图 **4-3-28**　　　　图 **4-3-29**

最后，用相同的方法继续完成卫生间其余设备的定位，如图 4-3-30 所示。

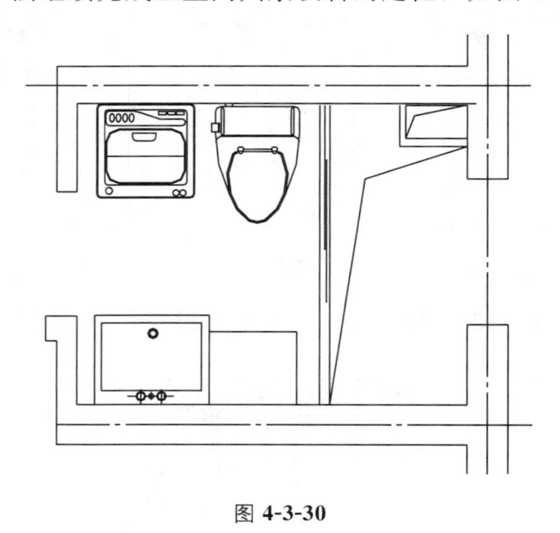

图 **4-3-30**

四、卧室家具的绘制

卧室家具以床组合为主，搭配衣柜、电视柜等。图 4-3-21 中主卧室是一套床组合，搭配衣柜。次卧室是一套床组合，搭配衣柜和电视柜。卧室家具也有丰富的图库，床组合等也无须绘制。下面以次卧室为例进行介绍。

1. 衣柜

使用矩形命令(REC)绘制一尺寸为 2400 mm×550 mm 的矩形，然后使用分解命令(X)进行分解，如图 4-3-31 所示。

使用偏移命令(O)偏移矩形的四条线，偏移距离为 30 mm，得出衣柜的柜体厚度线。最后复制出衣柜中的衣架，如图 4-3-32 所示。

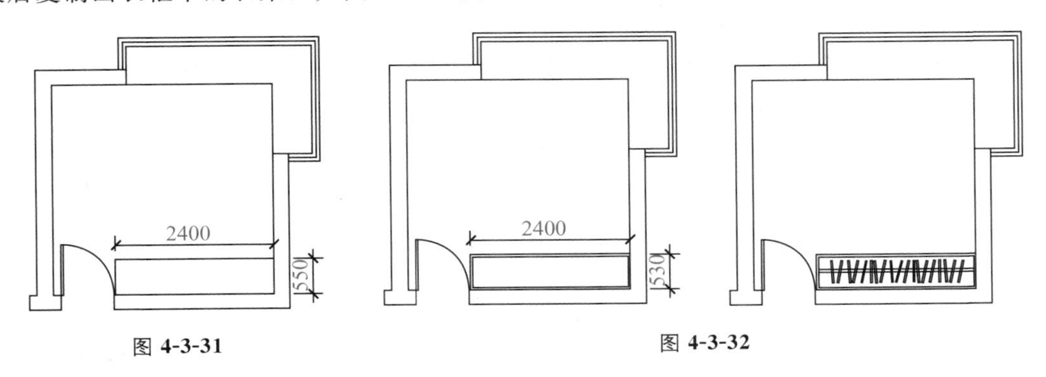

图 4-3-31　　　　图 4-3-32

2. 床组合和电视柜组合

在图库中选择合适的床组合，与客厅中复制沙发组合的方法相同，将床组合复制到图 4-3-21 中所示位置。电视柜的平面图是一个尺寸为 1500 mm×300 mm 的矩形，绘制方法已经在客厅家具的绘制中详细介绍了，这里不再详述，完成图如图 4-3-33 所示。

提示：电视柜、电视机、床的中点要对齐，在插入图例时要注意。

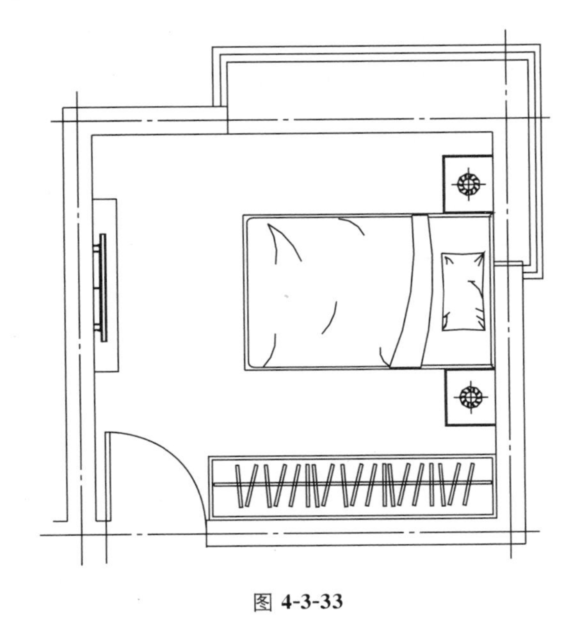

图 4-3-33

五、其他部分

餐厅、书房等空间的大部分家具都有图库，无须绘制，只需使用 Ctrl＋C 和 Ctrl＋V 组合键进行家具复制粘贴即可，无图库需自行绘制的也和其他空间的家具有了重复，只是尺寸不同，画法完全相同，所以这些空间将不再详述。至此，所有家具都布置完了。

室内成品家具和设备也要注明。结合后文装饰立面图，还需标注立面索引符号，以双面立面索引符号为例，操作步骤如下。

使用正多边形命令(POL)绘制一边长为 400 mm 的正四边形，然后用圆命令(C)在四边形中绘制一内切圆，如图 4-3-34 所示。

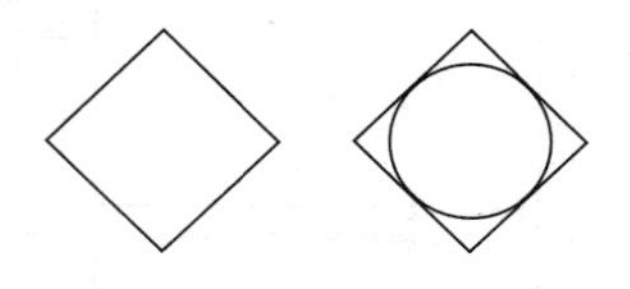

图 4-3-34

使用填充命令(H)进行填充，并增加一条直径线，最后用单行文字(T)进行标注，单面索引符号只需在双面索引符号的基础上进行修改即可，完成图如图 4-3-35 所示。

图 4-3-35

至此，完整的建筑装饰平面图就绘制完成了，最终效果如图 4-3-21 所示。

通过上文的学习，绘制如图 4-3-36 所示的图例。

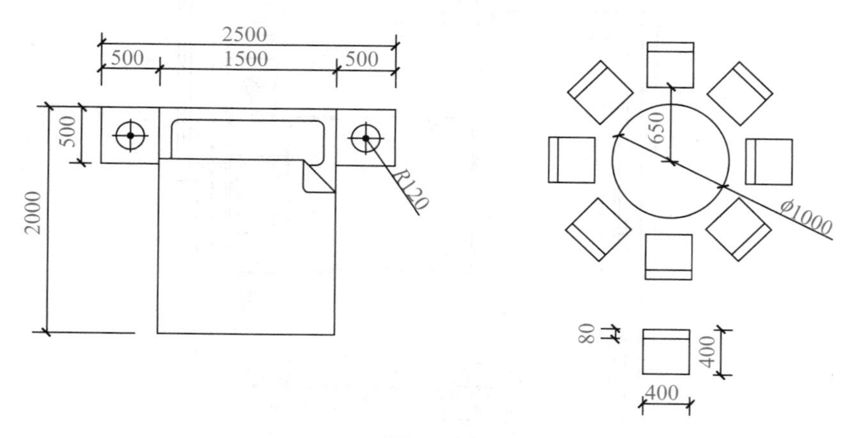

图 4-3-36

任务拓展

绘一绘：请在原始结构平面图的基础上完成图 4-3-37 所示的平面布置图。（教师也可提供类似的原始结构平面图和家具图库供学生练习。）

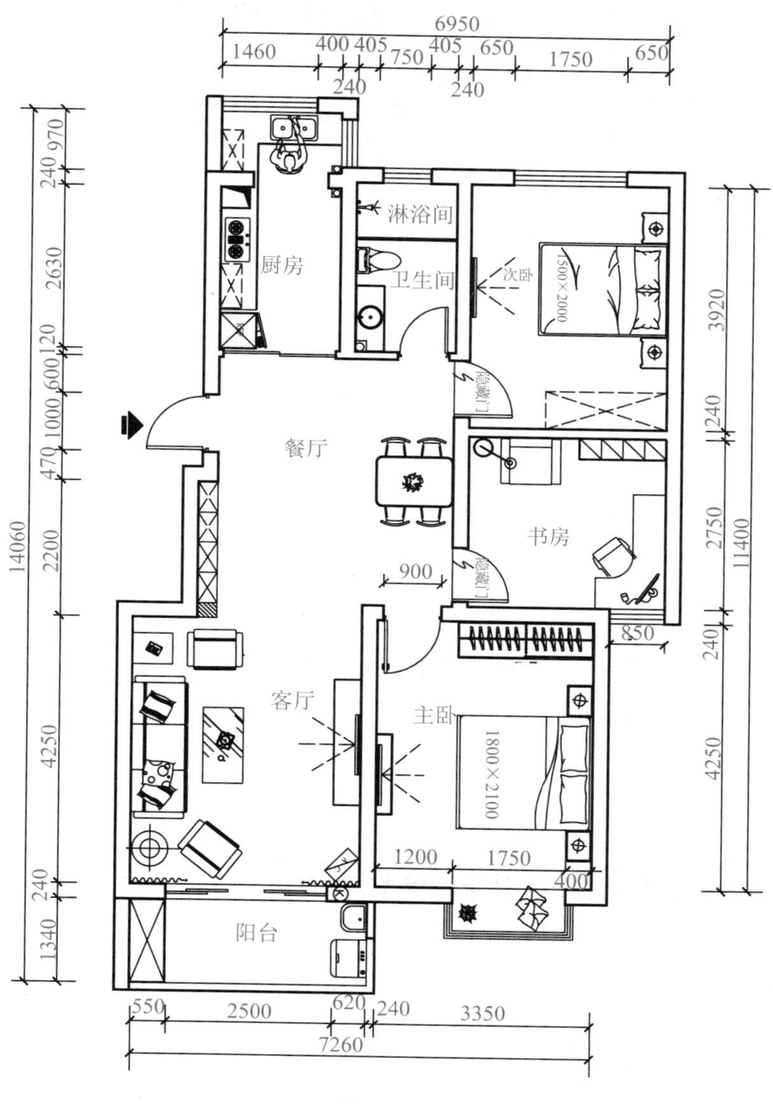

图 4-3-37

立面图

项目描述

本项目主要完成两个学习情境：第一个情境任务是建筑装饰立面图的识读；第二个情境任务是运用 AutoCAD 软件正确绘制建筑装饰立面图。

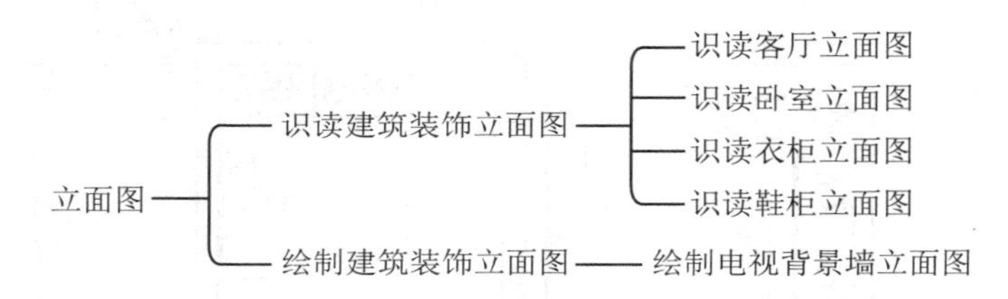

学习情境 1　识读建筑装饰立面图

学习目标

1. 正确识读建筑装饰立面图的图示内容。
2. 正确识读建筑装饰立面图的注释。
3. 掌握建筑室内装饰装修制图标准。

情境描述

建筑装饰立面图是建筑装饰施工图中重要的基本图，是识读整套施工图的重要一环，也是工人施工的依据。它的特点是运用的图例、线型、符号错综复杂，准确、熟练地识读建筑装饰立面图是建筑装饰设计和施工人员必须具备的基本技能。本学习情境主要通过四个任务来完成建筑装饰立面图的识读。

任务 1　识读客厅立面图

任务导入

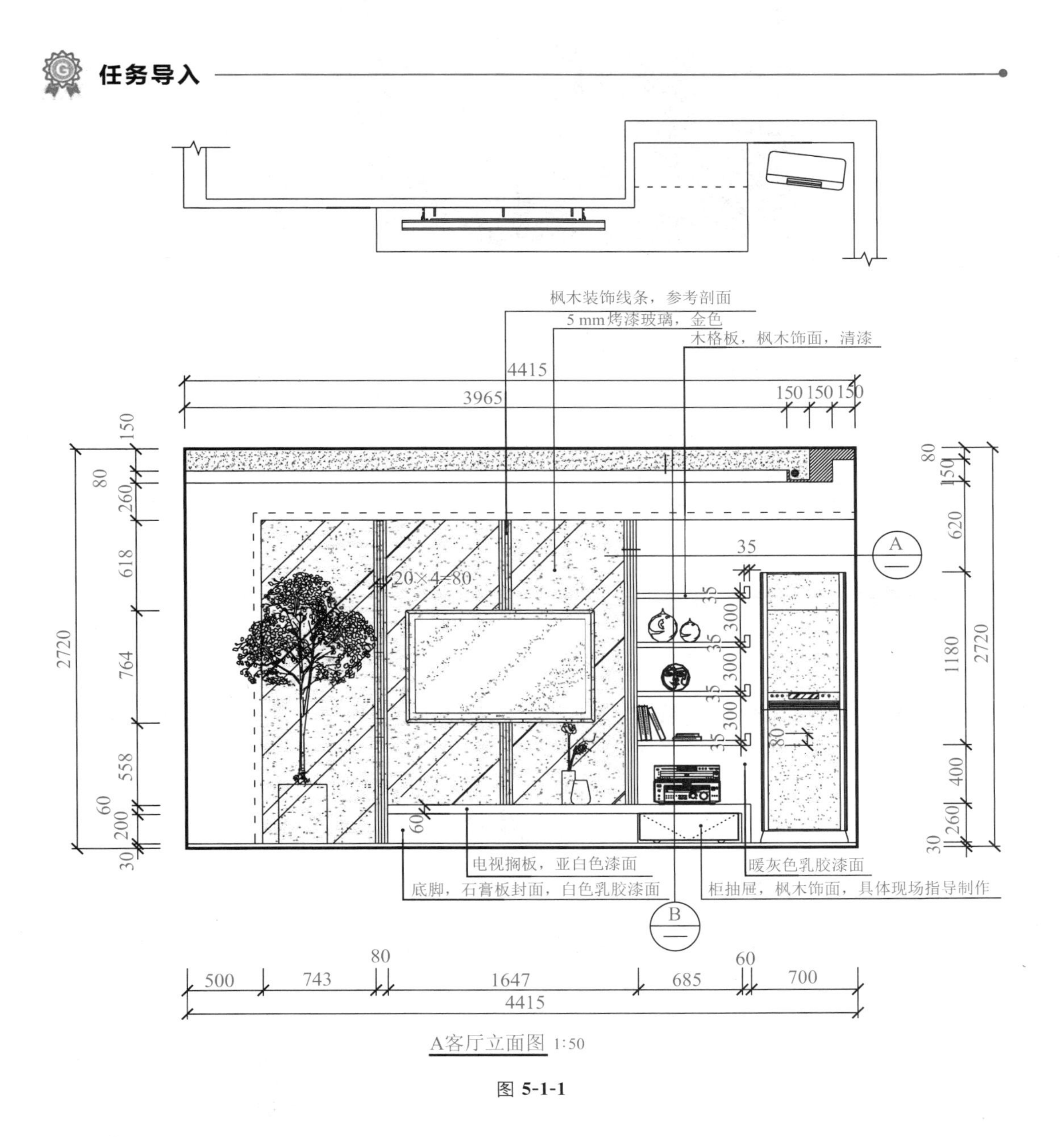

图 5-1-1

图 5-1-2

思考：

1. 图 5-1-1 为某户型的客厅立面图，其装修实景图如图 5-1-2 所示。你知道图 5-1-1 运用了哪种投影原理吗？

2. 识图者从哪个位置观察的？

3. 每一个家具图例你都认识吗？

4. 图 5-1-1 中客厅放置了哪些家具和设备？

知识链接

一、建筑装饰立面图的形成

建筑装饰立面图是平行于室内各方向的垂直界面的正投影图。图 5-1-3 为室内某一方向的立面图。

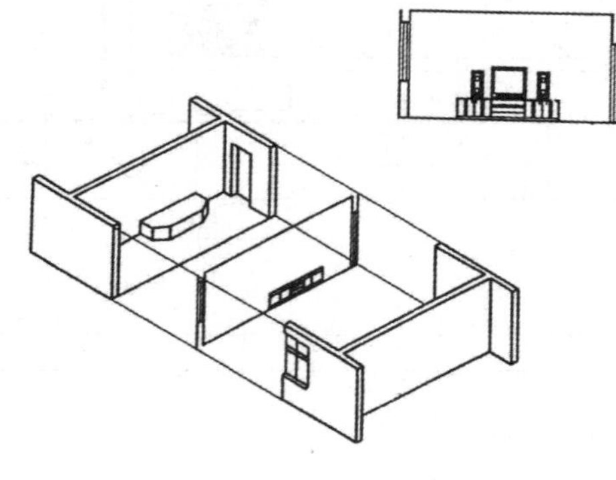

图 5-1-3

建筑装饰立面图的形成，归纳起来有以下三种方式。

①假想将室内空间垂直剖开，移去剖切平面前的部分，对余下的部分作正投影而成。这种立面图实质上是带有立面图示的剖面图。它所示图像的进深感比较强，并能同时反映顶棚的选级变化。但此种形式的缺点是剖面位置不明确(在平面布置上没剖切符号，仅用投影符号表明视向)。

②假想将室内各墙面沿面与面相交处拆开，移除暂时不予图示的墙面，将剩下的墙面及其装饰布置，向正立投影面作投影而成。这种立面图不出现剖面图像，只出现相邻墙面及其上装饰构件与该墙面的表面交线。

③设想将室内各墙面沿某轴阴角拆开，依次展开，直至都平行于同一正立投影面，形成立面展开图。这种立面图能将室内各墙面的装饰效果连贯地展示在人们眼前，以便人们研究各墙面之间的统一与反差及相互衔接关系，对室内装饰设计与施工有着重要作用。

建筑装饰立面图主要用于表明建筑内部某一装修空间的立面形式、尺寸及室内配套布置等内容。一个房间是否美观，很大程度上取决于建筑装饰立面图中主要立面上的艺术处理，包括造型与装修是否优美。在建筑装饰立面图设计阶段，它主要是用来研究这种艺术处理的。在施工图中，它主要反映房屋的外貌和室内立面装修的做法。

二、建筑装饰立面图的识读步骤

1. 读图名、比例

识读图名、比例能明确这是一张什么图，绘图比例多少。一般建筑装饰立面图的绘图常用比例比原始结构平面图小，多为1∶50、1∶30等。图5-1-1所示客厅立面图的绘图比例为1∶50。

2. 读房间的家具和设备

读家具图例了解室内家具的立面形状、尺寸和摆放位置。图5-1-1中室内客厅的家具大部分为成品家具，只有小部分为现场定制。

3. 读尺寸、文字说明

根据图中尺寸、文字说明，了解室内家具、陈设、壁挂等规格尺寸、位置尺寸及装饰材料和工艺要求。一般标立面图的左右两边与地面的相关尺寸来表示家具的具体摆放位置和家具的尺寸。当立面图的吊顶部分相对复杂时，在立面图表示吊顶的部分也标注对应的尺寸。立面图一般标两道尺寸线，以左右的尺寸为例进行说明。

第一道尺寸线：表示家具的高度与家具的位置。

第二道尺寸线：表示空间的总的立面高度尺寸。

文字说明中，通过引线来进行注释，反映立面家具所用的材料、颜色。

4. 读墙面造型、材料

墙面的造型与材料是装饰立面设计的体现，通过识读建筑装饰立面图可以清楚地了解内墙面装饰造型的式样、饰面材料、色彩和工艺要求。

5. 读吊顶的形式、尺寸

可从建筑装饰立面图分析出吊顶的造型形式，是否有暗槽灯光的设计，吊顶边缘是否留有窗帘盒的位置等。

6. 读详图索引符号

在施工图中，有时会因为比例问题而无法表达清楚某一局部，为方便施工需另画详图。一般用索引符号注明详图的位置、详图的编号以及详图所在的图纸编号。索引符号和详图符号内的详图编号与图纸编号两者对应一致。索引符号和详图符号画法：按国标规定，索引符号的圆和引出线均应以细实线绘制，圆直径为 10 mm。引出线应对准圆心，圆内过圆心画一水平线，上半圆中用阿拉伯数字注明该详图的编号，下半圆中用阿拉伯数字注明该详图所在图纸的图纸号，如果详图与被索引的图样在同一张图纸内，则在下半圆中间画一水平细实线。索引出的详图，如采用标准图，应在索引符号水平直径的延长线上加注该标准图册的编号。

当索引符号用于索引剖面详图时，应在被剖切的部位绘制剖切位置线。引出线所在一侧应为投射方向。

任务实施

填一填：识读图 5-1-1 所示的客厅装饰立面图。

(1)该图的图名为________，比例为________。

(2)该建筑装饰立面图在建筑装饰平面布置图上对应的立面图索引符号是________，该图的总长度为________，总高度为________。

(3)从图中看出客厅主要布置了________、________、________等家具。

(4)电视机柜的高度为________，其距电视机底边________。

(5)电视机柜用的材料是________，柜子的面层分别是________和________。

(6)电视背景墙的墙面，采用的是________，镶嵌________。空调后部的墙面采用的设计手法是________，墙表面安装________，用来________。

(7)吊顶的总高度为________，其长度为________。从该图看吊顶的造型可知，该吊顶属于________级吊顶。

(8)此建筑装饰立面图有几组详图索引符号，请说出它的含义。

练一练：1. 试计算图 5-1-1 中需要的烤漆玻璃的耗材面积。

2. 列出图 5-1-1 中涉及的所有家具与装饰立面的材料。

任务拓展

动一动：1. 请绘制自己家的电视背景墙装饰立面草图。(尺寸可以估测。)

2. 请正确识读图 5-1-4 所示的装饰立面图。(教师可以自由设问。)

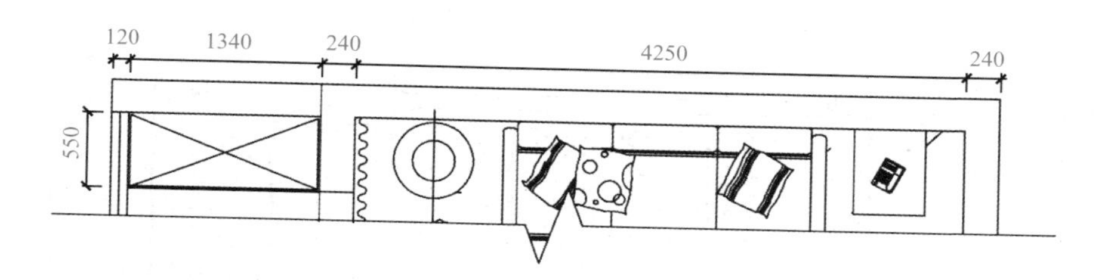

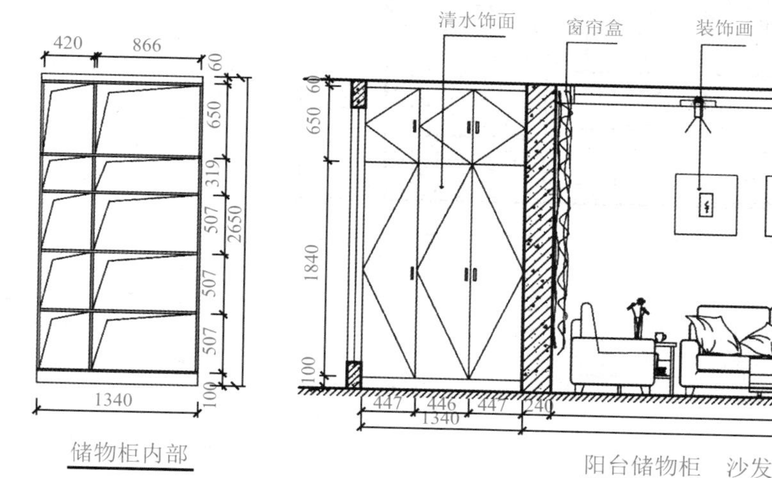

图 5-1-4

任务 2　识读卧室立面图

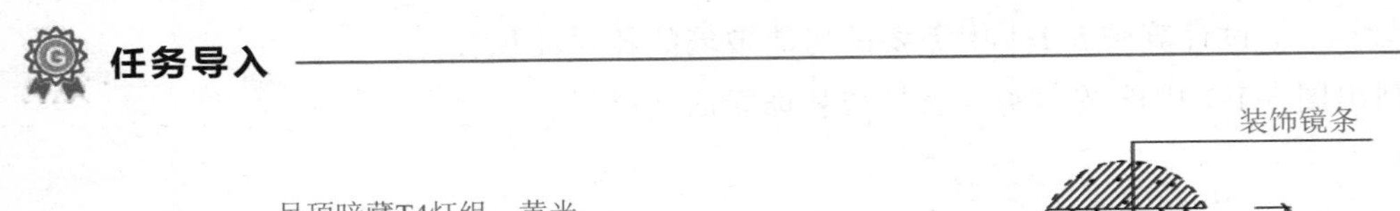

任务导入

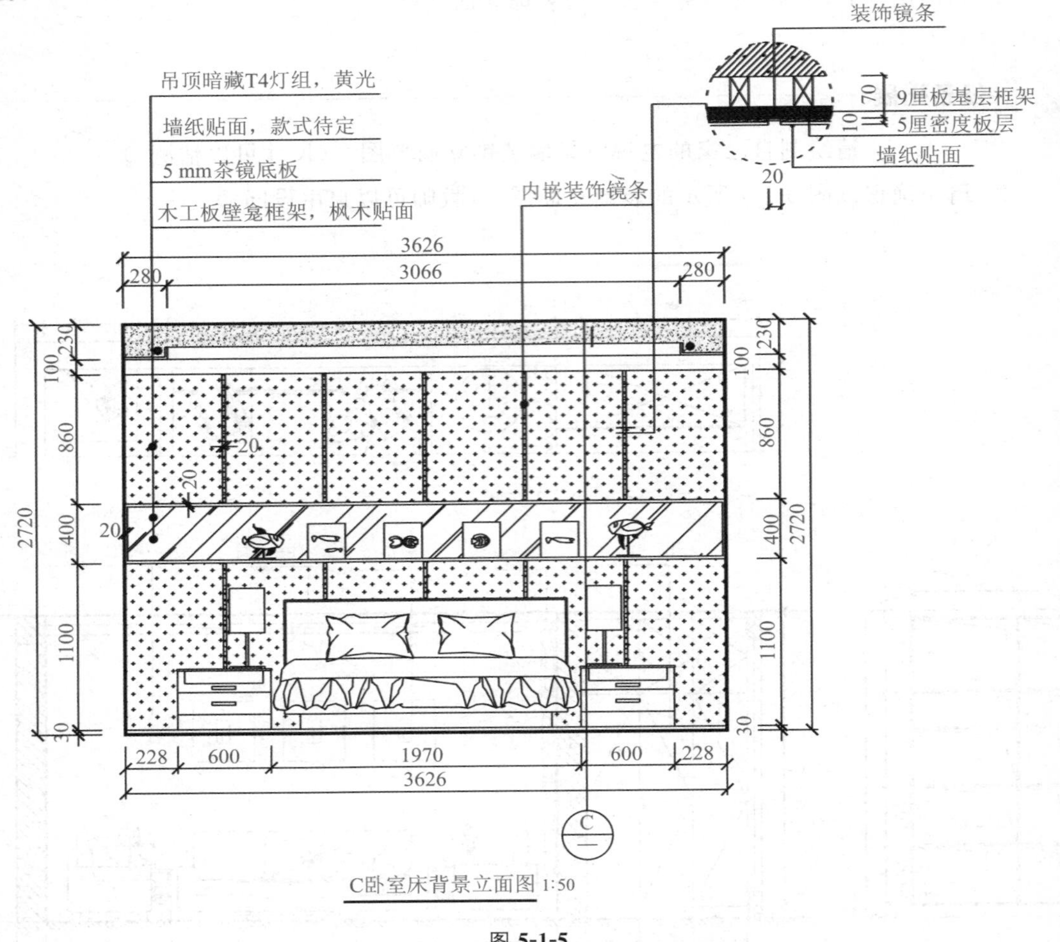

C卧室床背景立面图 1:50

图 5-1-5

思考：

1. 图 5-1-5 为某户型的卧室床背景立面图，其装修实景图如图 5-1-6 所示。你知道图 5-1-5 运用了哪种投影原理吗？

2. 识图者从哪个位置观察的？

3. 有不认识的家具图例吗？

4. 你能看出卧室的吊顶造型和背景墙的设计方法吗？

图 5-1-6

知识链接

一、卧室装饰立面图的识读

卧室立面图的识读，仍然按照读图名、比例，读房间的家具和设备，读尺寸、文字说明，读墙面造型、材料，读吊顶的形式、尺寸，读详图索引符号的步骤来进行。具体的识读方法参照上一个任务识读客厅立面图。

二、卧室的装饰界面设计

1. 卧室顶面装修

(1)少做繁复吊顶

为了让人安心睡眠，卧室最好不要采用繁复的吊顶形式，也即少做最好不做吊顶，一般以直线条及简洁的顶面为主。

(2)顶面隔音做法

在选择吊顶石膏板时，最好选择厚度达到标准的。此外，还可以在顶面中间层中加入一些吸音、隔音的材料，如吸音棉、高密度泡沫板、布艺吸音板等。

2. 卧室墙面装修

卧室墙面装修的重点在于装修材料的选择和墙面的隔音方面。

(1)卧室墙面材料的选择

墙面装修材料有涂料、壁纸和瓷砖这几种。卧室墙面常见的材料主要是涂料和壁纸，瓷砖类的冷硬材料一般不用于卧室。

(2)卧室墙面的隔音

如果是地处闹市区，周边环境非常吵，那么在装修卧室墙面时，可以和吊顶一样采取增加隔音材料的方法。如果环境还好，那么一般不用大费周章做全墙的隔音，常见的做法是，在床头增加一块软包背景墙。

3. 卧室地面装修

卧室的地面装修，在立面中出现的为踢脚线。踢脚线在居室设计中，同阴角线、腰线一样起着视觉平衡的作用，利用它们的线形感觉及材质、色彩等在室内的相互呼应，可以起到较好的美化装饰效果。踢脚线的另一个作用是它的保护功能。一般装修中踢脚线出墙厚度为5～15 mm。

4. 卧室门窗装修

(1)卧室门选择

在选择卧室门的时候，也需要考虑卧室对静音和环保的要求，注重产品的隔音和环保性。例如，选择实木门时，应该挑选密实点的，其门芯越密实，隔音效果越好。

(2)卧室窗户选择

窗框选择：选择卧室窗户时，首先要注意窗框的选择，选择隔音性能较好的窗框。一般来讲，铝合金和塑钢窗的隔音效果都不错，选购的时候选择质量过关的即可。

窗户玻璃选择：隔音效果较好的玻璃主要有中空玻璃、夹胶玻璃和真空玻璃这几种，其中真空玻璃的隔音性最好。选择的时候，可根据居住环境来定。

立面图中窗帘部分也应画出，被窗帘挡住的窗户部分不要画出。注意前后遮挡关系。

任务实施

填一填：识读图5-1-5所示的卧室装饰立面图。

(1)该图的图名为________，比例为________。

(2)该建筑装饰立面图在建筑装饰平面布置图上对应的立面图索引符号是________，该图的总长度为________，总高度为________。

(3)从图中看出卧室主要布置了________、________、________等家具。

(4)床的总宽度为________，床头柜的宽为________，高度都低于底下一层墙纸高度。

(5)卧室背景墙用到的材料有________、________、________等。该背景墙的设计手法是________。

(6)吊顶的总高度为________，其长度为________。其中吊顶底下的________为墙纸上方的与吊顶过渡的墙面乳胶漆部分。从该图看吊顶的造型可知，该吊顶属于________级吊顶，有暗槽灯光的设计。

绘一绘：请结合装饰立面图的绘图步骤和建筑制图规范选择合适的绘图仪器正确抄绘图 5-1-7。绘图步骤如下：绘制主体轮廓线；绘制内部定位线；绘制装饰立面家具与陈设；绘制墙面材料图案；标注墙面材质及文本说明；标注墙面结构尺寸和各构件的位置尺寸；加深图线。

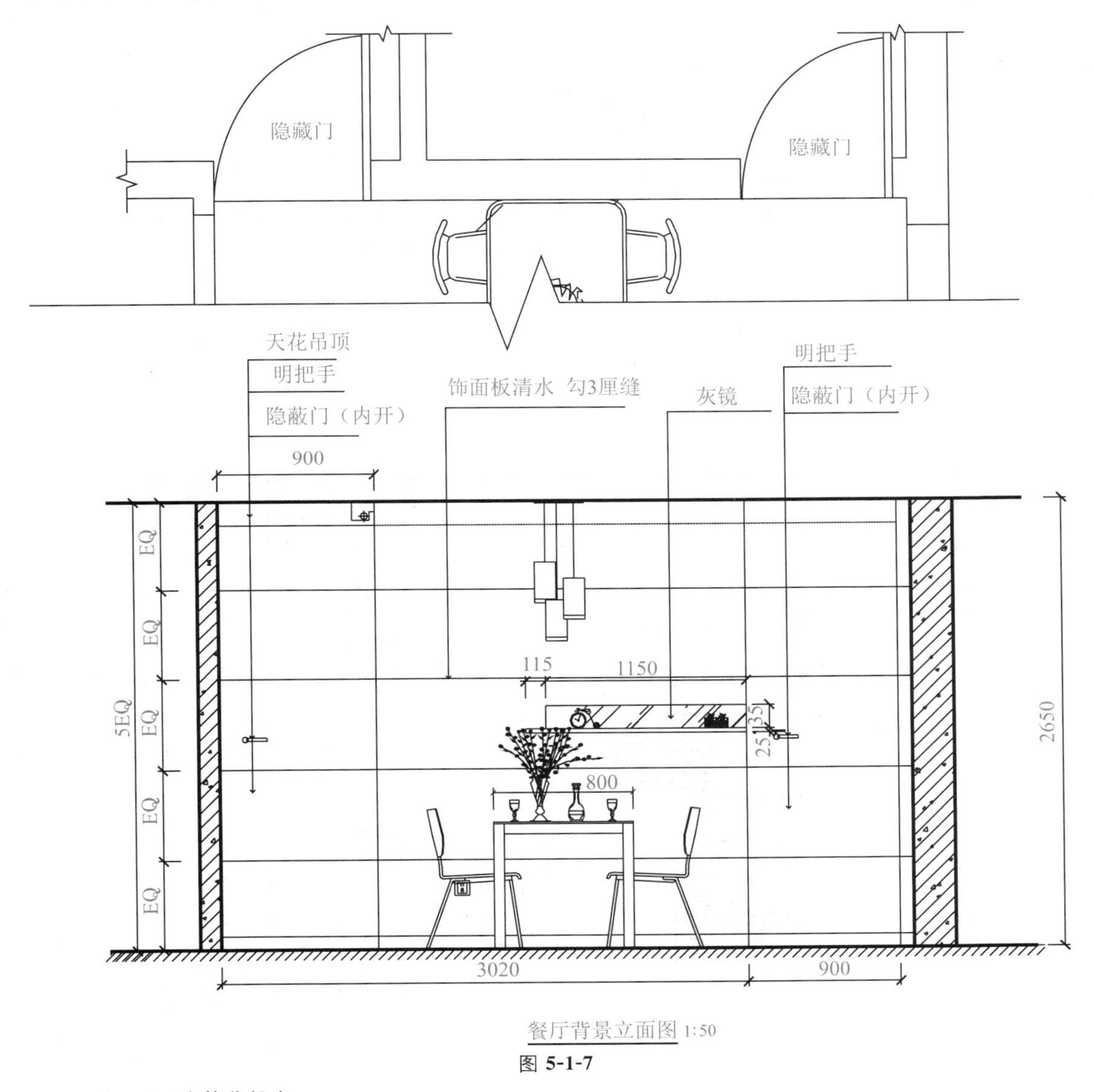

图 5-1-7

注：EQ 为等分长度。

任务拓展

练一练：1. 绘制自己家的卧室背景墙装饰立面图，观察用到了哪些材料。

2. 试计算图 5-1-5 中所需要用到的背景墙壁纸的面积。

任务3　识读衣柜立面图

任务导入

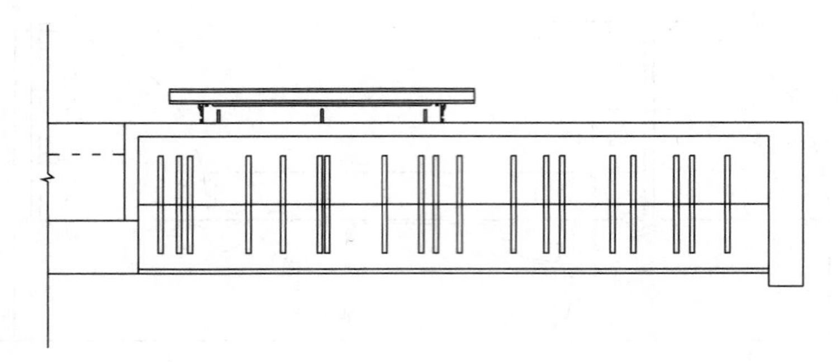

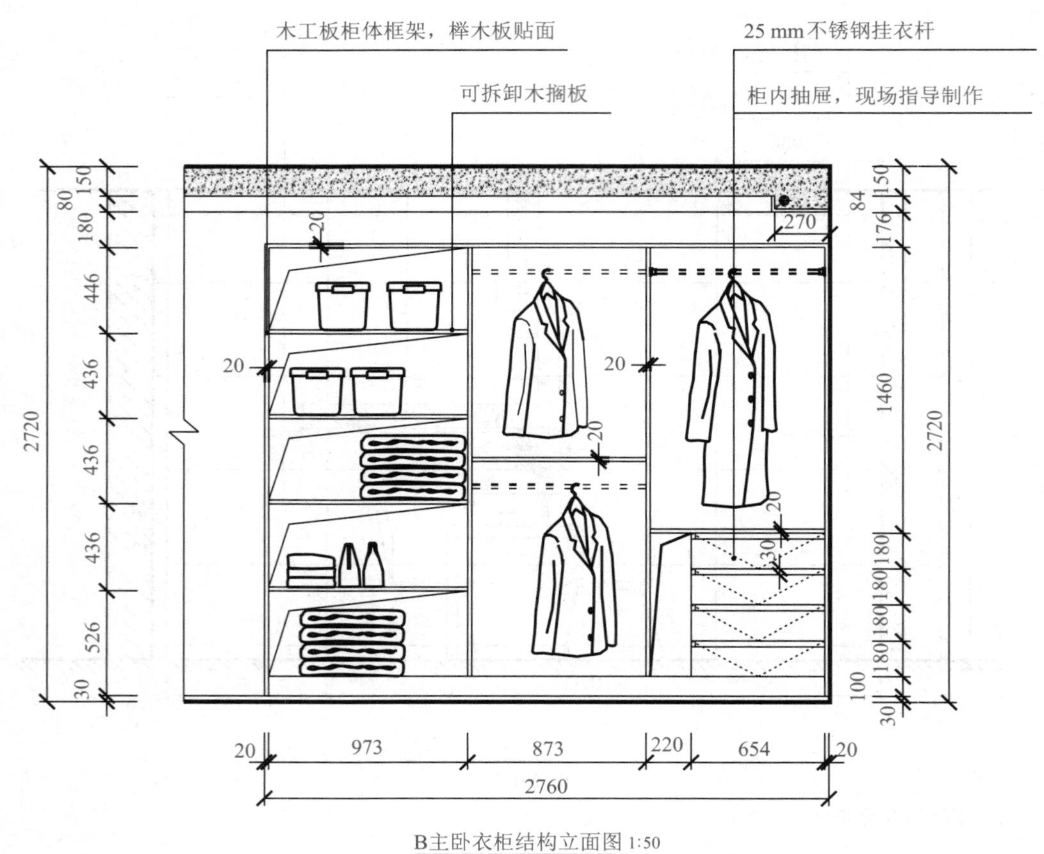

B主卧衣柜结构立面图 1:50

图 5-1-8

思考：

1. 图 5-1-8 运用了哪种投影原理？
2. 识图者从哪个位置观察的？

3. 该衣柜分了哪几个功能区域?
4. 该衣柜使用了哪些材料来制作?
5. 衣柜立面图与此学习情境任务 1 和任务 2 中的立面图相比，有什么异同?

知识链接

一、卧室衣柜装饰立面图的识读

衣柜立面图的识读步骤同客厅立面图识读步骤大致相同，可按照读图名、比例，读家具的尺寸、文字说明，读家具造型、材料，读索引符号的步骤来进行。

二、了解衣柜的功能分区

如果定制衣柜高度到顶棚，一般尺寸为高 2400 mm，长 1800 mm(分为 900 mm 长的两个单元)，柜深为 600 mm。这样在实际使用方面也大大增加了衣柜的牢固程度。盲目扩大或缩小某些区域，不仅给日后的使用带来不便，更可能使衣柜牢固度存在隐患。图 5-1-9为衣柜的功能分区。

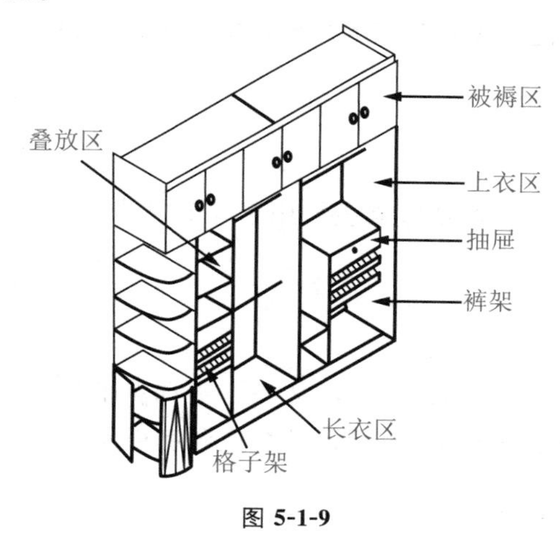

图 5-1-9

1. 被褥区

根据棉被通常的高度，这个区域通常高400～500 mm，宽 900 mm。这个空间主要是存放换季不用的被子，由于拿取物品频率不高，通常会将衣柜上端做被褥区，同时也有利于防潮。

2. 叠放区

叠放区可设计为可以调节的活动板层，方便根据需求变化高度或改为其他区域。这个区域主要用于叠放毛衣、T 恤、休闲裤等衣物。叠放区最好安排在腰到眼睛之间的区域，这样方便拿取衣物。根据一般衣物折叠后的宽度来看，柜子宽度应为 330～400 mm，高 350～400 mm。

3. 长衣区

长衣区高1400～1500 mm。长衣区主要用于悬挂风衣、羽绒服、大衣、连衣裙、礼服等长款衣服。可根据自己拥有长款衣服的件数设计长衣区的宽度，通常宽450 mm够一个人使用，如果较多人使用，可适当加宽或设计多个长衣区。另外，如果空间不是特别紧张，建议选择柜深为600 mm。

4. 上衣区

上衣区高1000～1200 mm，用来悬挂西服、衬衫、外套等易起褶皱的上衣。为了方便放取衣架，挂衣杆和柜顶之间的距离应大于等于60 mm。根据衣服的正常长度，为了不使衣服拖到底板，挂衣杆到底板的距离应大于900 mm。另外需注意的是根据个人的身高情况挂衣杆到地面的距离一般不要超过1800 mm，否则不方便拿取。

5. 抽屉

抽屉一般宽400～800 mm，高190 mm。这个区域主要用于存放内衣，一般在上衣区下方设计三四个抽屉。根据内衣卷起来的高度计算，抽屉的高度不能低于190 mm，否则闭合抽屉时容易夹住衣物。

6. 格子架

格子架高160～200 mm。这个区域主要用于存放领带，由于里面有固定领带的夹子，因此不需要太高的空间。

7. 裤架

裤架高800～1000 mm，专门用于悬挂裤子。所有裤子都是对折起来挂的，因此挂衣杆到底板的距离不能小于600 mm，否则裤子会拖到底板上。

任务实施

填一填：识读图5-1-8所示的衣柜结构立面图。

(1)该图的图名为________，比例为________。

(2)该建筑装饰立面图在建筑装饰平面布置图上对应的立面图索引符号是________，该衣柜的总长度为________，总高度为________。

(3)从图中可以看出衣柜分了________、________、________、________等功能区。

(4)衣柜顶部距离顶棚的尺寸为__________。

(5)每个抽屉的高度为________，衣柜的木隔板厚度为________。

绘一绘：请结合装饰立面图的绘图步骤和建筑制图规范选择合适的绘图仪器正确抄绘图5-1-10。绘图步骤如下：绘制主体轮廓线；绘制内部定位线；绘制衣柜隔板；绘制材质图案；标注材质及文本说明；标注墙面结构尺寸和各构件的位置尺寸；加深图线。

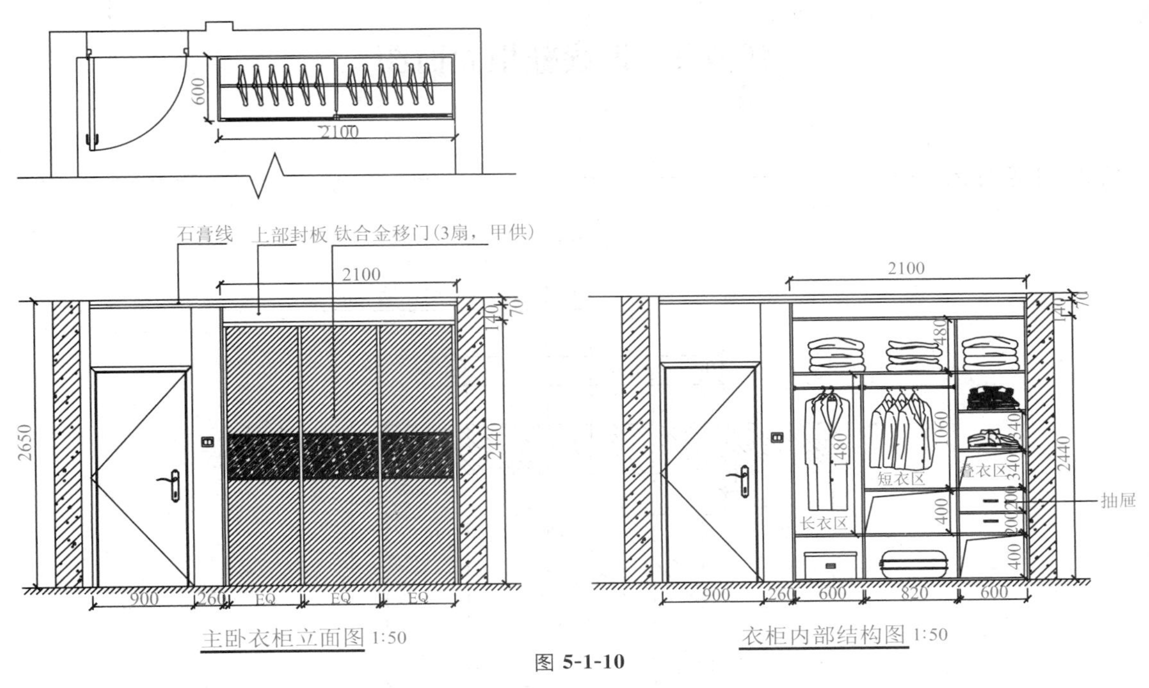

图 5-1-10

注：EQ 为等分长度。

任务拓展

绘一绘：1. 绘制自己家卧室的衣柜装饰立面图。

2. 图 5-1-11 为某户型现场制作的衣柜，请按照衣柜装饰立面图绘制方法，绘制衣柜装饰立面图。(没有尺寸的地方，可以按照各区域的设计规范估测。)

图 5-1-11

任务 4　识读鞋柜立面图

任务导入

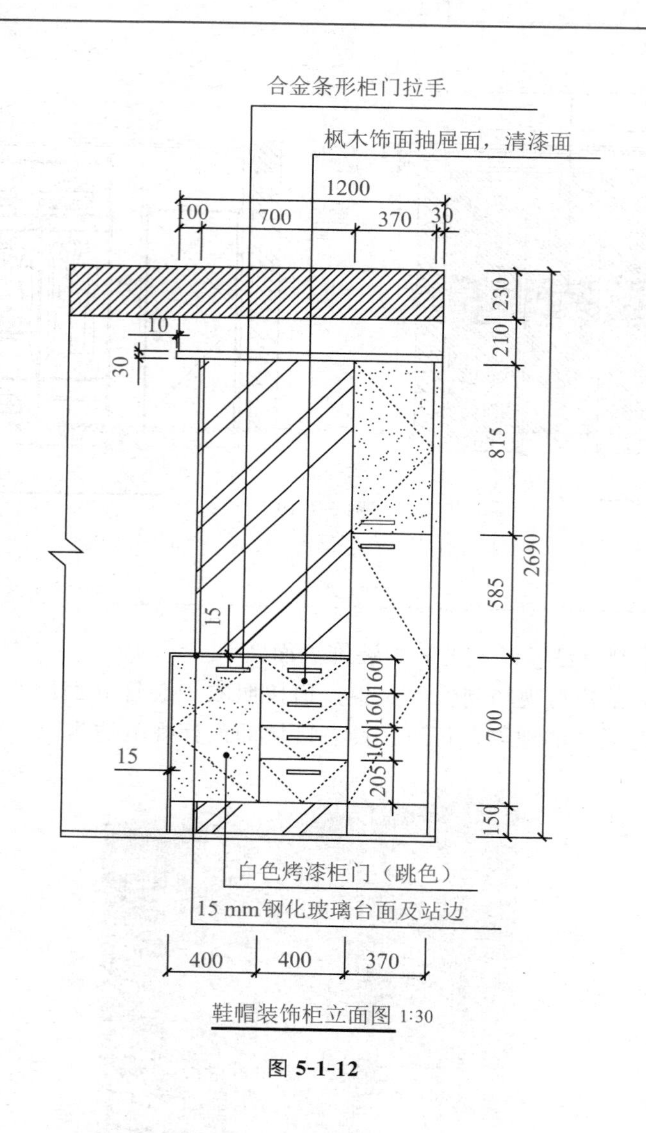

鞋帽装饰柜立面图 1:30

图 5-1-12

思考：

1. 图 5-1-12 运用了哪种投影原理？
2. 该图对应平面布置图的哪个部分？
3. 该鞋柜由哪几部分组成？
4. 该鞋柜使用了哪些材料来制作？

知识链接

一、鞋柜装饰立面图的识读

鞋柜装饰立面图的识读步骤参照衣柜立面图的识读步骤。

二、鞋柜的尺寸与款式

鞋柜高度和宽度可根据所利用的空间合理划分，深度是家里最大码的鞋子长度，通常尺寸为 300～400 mm。很多人买鞋，不喜欢把鞋盒丢掉，直接将鞋盒放进鞋柜里面。那么这样的话，鞋柜深度尺寸就在 380～400 mm。在设计及定制鞋柜前，一定要先丈量好使用者的鞋盒尺寸并将其作为鞋柜深度尺寸依据。如果还想在鞋柜里面摆放一些其他的物品，如吸尘器、苍蝇拍等，深度则必须在 400 mm 以上才能使用。

1. 小鞋柜

小鞋柜一般就是一个人居住的时候用的，比较精致。这种鞋柜的尺寸一般是 602 mm×318 mm×456 mm，当然还有比这个更小的尺寸，像 598 mm×316 mm×457 mm。

2. 大鞋柜

一般这种鞋柜的尺寸是 1347 mm×318 mm×1032 mm。还有一种大鞋柜是稍微宽一些的，尺寸一般是 1240 mm×330 mm×1050 mm。

3. 双门鞋柜

适用于三口之家，一般这种双门鞋柜的尺寸是 947 mm×318 mm×1032 mm，当然也还有其他的一些常见的双门鞋柜尺寸，像 907 mm×318 mm×1021 mm。在购买鞋柜的时候可以根据家居设计选择。

任务实施

填一填：识读图 5-1-12 所示的鞋柜结构立面图。

(1)该图的图名为________，比例为________。

(2)该鞋柜的总长度为________，总高度为________。

(3)从图中看出鞋柜由________、________、________等几个部分组成。

(4)该鞋柜装饰立面图中用到的材料有________、________、________等。

(5)抽屉的宽度为________，该鞋柜部分的钢化玻璃总高度为________。

绘一绘：请结合装饰立面图的绘图步骤和建筑制图规范选择合适的绘图仪器正确抄绘图 5-1-13。绘图步骤如下：绘制主体轮廓线；绘制内部定位线；绘制鞋柜隔板；绘制材质图案；标注材质及文本说明；标注墙面结构尺寸和各构件的位置尺寸；加深图线。

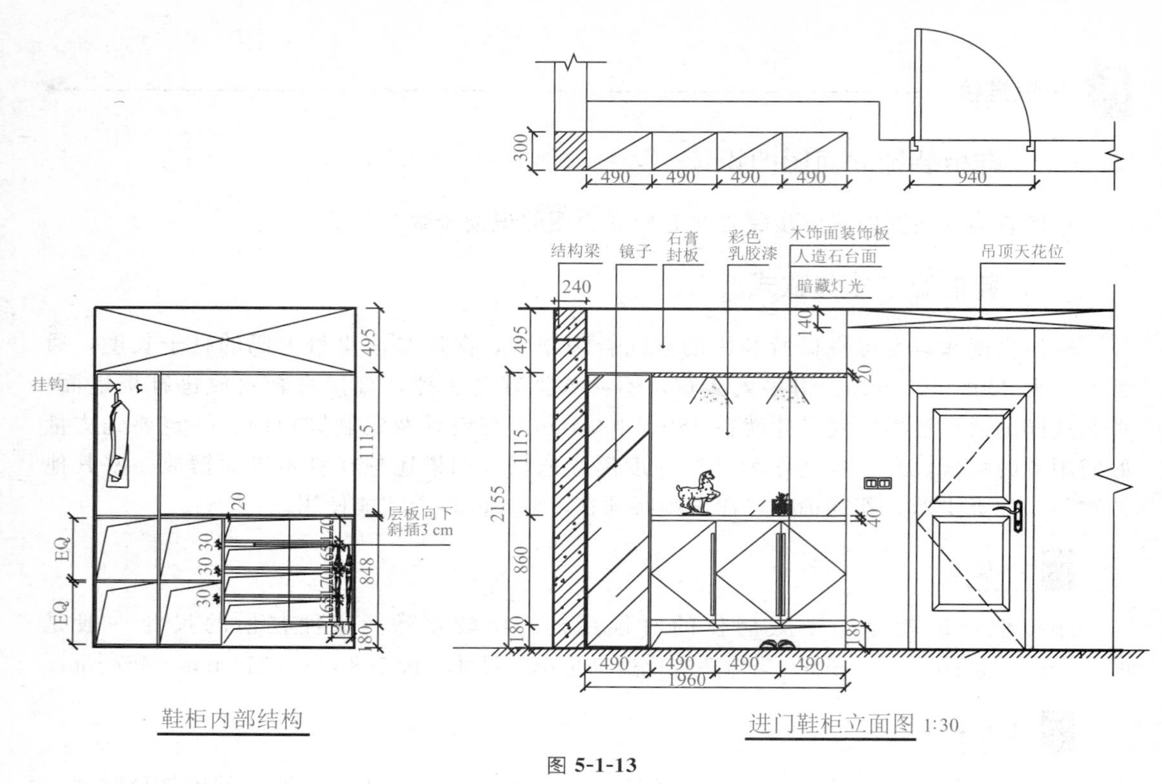

图 5-1-13

注：EQ 为等分长度。

任务拓展

绘一绘：图 5-1-14 为某户型定制的成品玄关鞋柜，请按照鞋柜装饰立面图绘制方法，把它按照要求绘制出来。（根据鞋柜的设计规范合理设置尺寸并选择合适的比例绘图。）

图 5-1-14

学习情境2 绘制建筑装饰立面图

学习目标

1. 掌握建筑装饰立面图的绘图思路和步骤。
2. 正确运用 AutoCAD 软件绘制建筑装饰立面图。
3. 再一次熟记建筑装饰立面图涉及的国家标准。

情境描述

熟练运用 AutoCAD 软件绘制施工图是建筑类设计人员必备的基本技能。本学习情境要求学生对已有的建筑装饰立面图进行抄绘来强化练习，学生在抄绘过程中不仅可以熟练 AutoCAD 软件的操作，加强 AutoCAD 快捷键的练习，并探索快速绘图的技巧与方法，还可以了解各空间的组织、施工图绘制的内容和要求。本学习情境主要通过一个任务来学习建筑装饰立面图的绘制。

任务 绘制电视背景墙立面图

任务导入

思考：

1. 立面图的绘图环境怎么设置？
2. 计算机绘立面图的绘图步骤和手绘立面图的步骤相同吗？
3. 立面图的绘图比例该怎么设置？
4. 绘立面图的常用命令有哪些？
5. 怎么提高绘图速度？

任务实施

一、设置绘图环境

绘图环境设置可参考前文。

二、绘制电视背景墙立面图

本任务绘制图 5-1-1 所示的立面图。

输入快捷键(Z)和全屏缩放(A)后，进入绘制电视背景墙立面图阶段，立面图绘制步骤可以按照绘制主体轮廓线—绘制内部定位线—布置各种家具及装饰图块—图案填充—标注墙面材质及文本说明—标注墙面结构尺寸和各构件的位置尺寸的顺序进行。

1. 绘制主体轮廓线

先将平面图截取部分，运用复制命令(CO)复制到空白处，运用修剪命令(TR)修剪多余部分。

单击图层工具栏中的下三角按钮，在下拉列表框中选择设置的墙线层作为当前图层，如图 5-2-1 所示。

图 5-2-1

运用多段线命令(PL)，绘制立面图的基本轮廓线。具体操作如下，绘制完成图如图 5-2-2 所示。

```
命令：PL
PLINE
指定起点：
当前线宽为 10.0000
指定下一个点或[圆弧(A)/半宽(H)/长度(L)/放弃(U)/宽度(W)]：W
指定起点宽度<10.0000>：10
指定端点宽度<10.0000>：10
指定下一个点或[圆弧(A)/半宽(H)/长度(L)/放弃(U)/宽度(W)]：
指定下一个点或[圆弧(A)/闭合(C)/半宽(H)/长度(L)/放弃(U)/宽度(W)]：
指定下一个点或[圆弧(A)/闭合(C)/半宽(H)/长度(L)/放弃(U)/宽度(W)]：
指定下一个点或[圆弧(A)/闭合(C)/半宽(H)/长度(L)/放弃(U)/宽度(W)]：
指定下一个点或[圆弧(A)/闭合(C)/半宽(H)/长度(L)/放弃(U)/宽度(W)]：
指定下一个点或[圆弧(A)/闭合(C)/半宽(H)/长度(L)/放弃(U)/宽度(W)]：
```

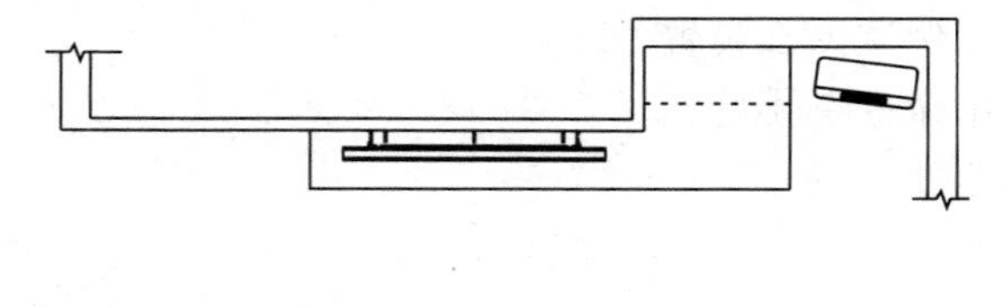

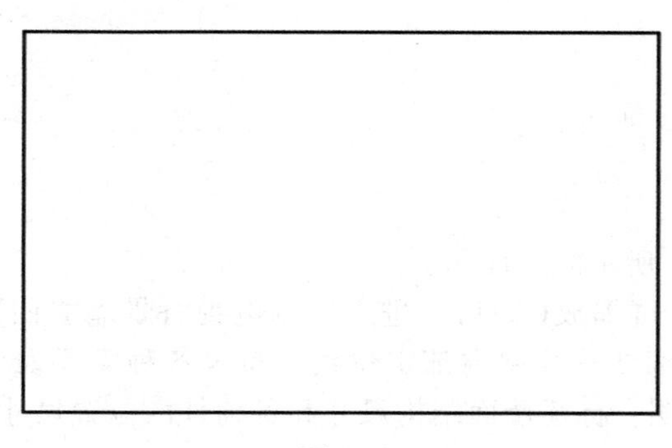

图 5-2-2

2. 绘制内部定位线

单击图层工具栏中的下三角按钮，在下拉列表框中选择设置的立面内轮廓线层作为当前图层，如图 5-2-3 所示。

图 5-2-3

运用直线命令(L)，根据立面图的设计与尺寸要求绘制好吊顶、墙面分隔线、灯带线、电视机柜。再画一条该图层的细的地坪线，运用偏移命令(O)，偏移 30 mm 作为立面的踢脚线。

运用圆命令(C)，在合适的吊顶位置处绘制出灯带，再运用偏移命令(O)偏移出同心小圆，运用直线命令(L)，把圆的垂直和水平直径画出，如图 5-2-4 所示。

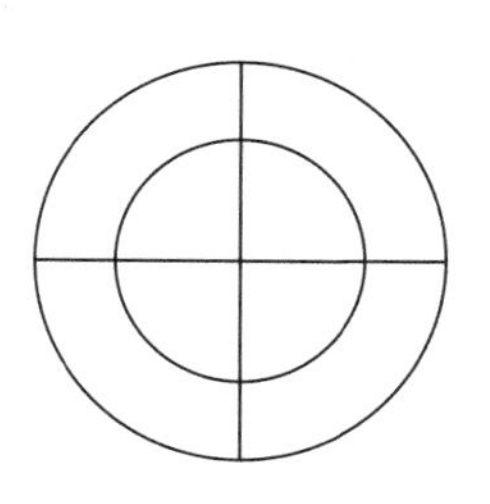

图 5-2-4

修改已绘灯带线的线型比例。选中线条，右击，选择特性，修改其线型，改为虚线。再将其比例改为 300，使其呈虚线显示。具体线型比例根据实际图形绘制而定。绘制完成图如图 5-2-5 所示。

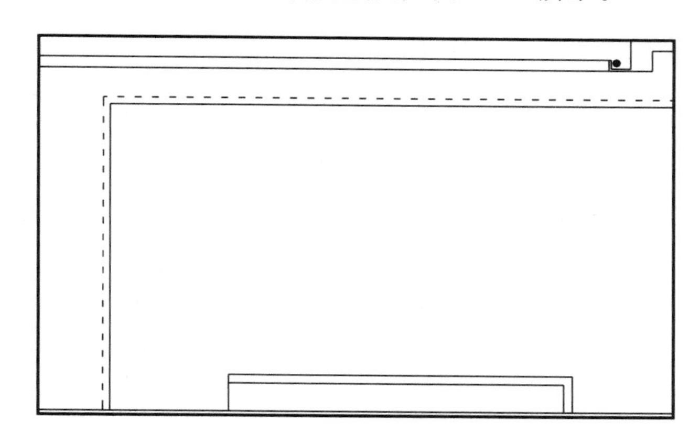

图 5-2-5

运用直线命令(L)，根据立面图的设计与尺寸要求绘制好一条墙面上的枫木装饰线条。运用偏移命令(O)，偏移 20 mm，操作 4 次完成。运用复制命令(CO)，复制出另外两段装饰线条。运用修剪命令(TR)，修剪掉电视机柜遮挡的部分线条。

运用直线命令(L)，根据立面图的设计与尺寸要求绘制好一个墙上的木格板。运用复制命令(CO)，根据相距的高度要求，复制出另外三个木格板。运用直线命令(L)，根据立面图的设计与尺寸要求绘制好放置盆栽的花瓶和电视机柜抽屉。修改电视机柜抽屉的部分线型特性。绘制完成图如图 5-2-6 所示。

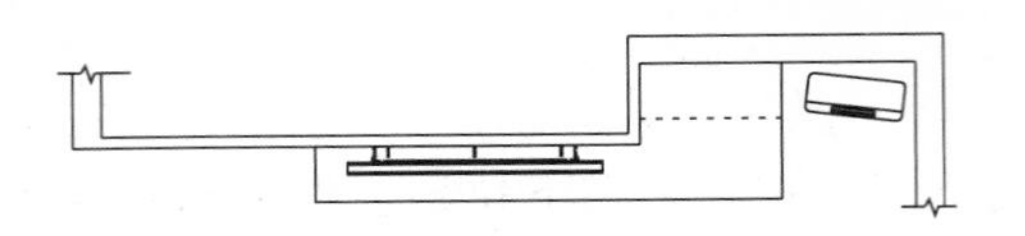

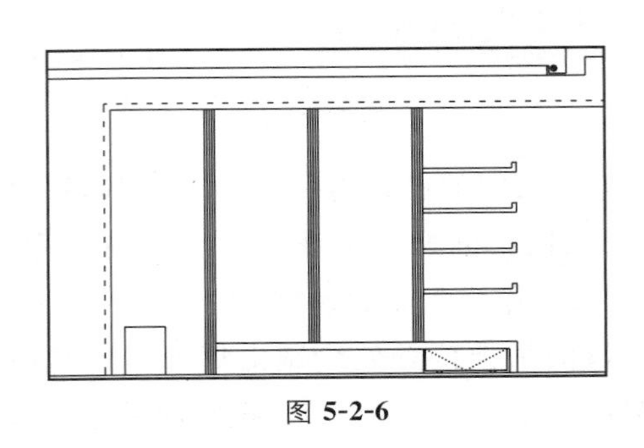

图 5-2-6

3. 布置各种家具及装饰图块

单击图层工具栏中的下三角按钮，在下拉列表框中选择设置的家具层作为当前图层，如图 5-2-7 所示。

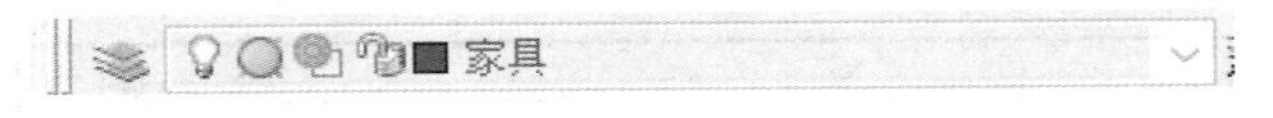

图 5-2-7

运用插入块命令(W)，选择家具图块的文件夹，插入电视背景墙立面图中的家具立面图图块，如图 5-2-8 所示。插入后放置到立面图家具图块对应的位置。绘制完成图如图 5-2-9 所示。

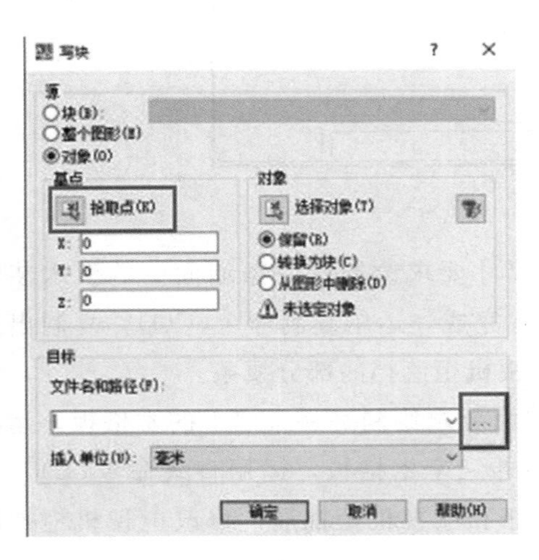

图 5-2-8

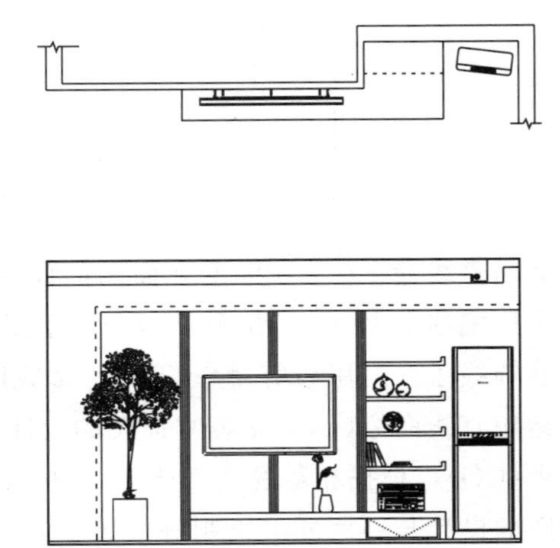

图 5-2-9

4. 图案填充

单击图层工具栏中的下三角按钮，在下拉列表框中选择设置的填充层作为当前图层，如图 5-2-10 所示。

图 5-2-10

运用填充命令(H)，选择合适的填充图案，修改填充比例，选择添加拾取点的方式，拾取应该填充的立面造型部分，如图 5-2-11 所示。绘制完成图如图 5-2-12 所示。

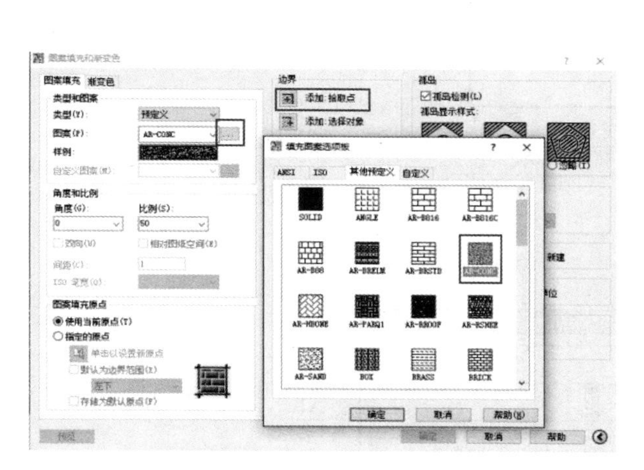

图 5-2-11

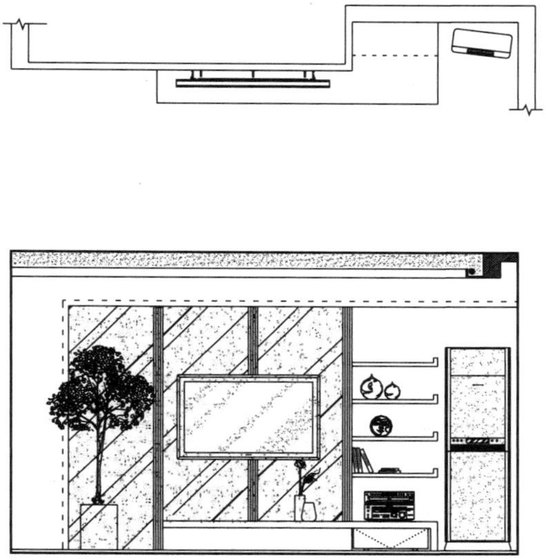

图 5-2-12

5. 标注墙面材质及文本说明

单击图层工具栏中的下三角按钮，在下拉列表框中选择设置的立面标注层作为当前图层，如图 5-2-13 所示。

图 5-2-13

运用引线标注命令(LE)，在电视背景墙立面图需要标注材质与文本说明的地方绘制出引线。绘制好引线后按 Esc 键退出。

详图索引符号绘制：运用直线命令(L)，将详图的索引线绘出；运用多段线命令(PL)，绘制出详图的剖切位置线，如图 5-2-15 中的蓝色椭圆所示；运用圆命令(C)，绘制出详图符号；选择相应的文字样式，运用单行文字命令(T)，写出详图符号对应的详图文字。

引线的文字单独注释。单击图层工具栏中的下三角按钮，在下拉列表框中选择设置的立面文字层作为当前图层，如图 5-2-14 所示。

图 5-2-14

运用单行文字命令(T)，指定第一点，之后指定对角点。输入文字注释后，选中文字，修改文字高度、文字字体；也可以直接在绘图前设置好相应的立面文字注释样式，修改好大小、字体；还可以直接按照指定的文字样式写对应文字运用复制命令(CO)，复制到其他引线对应的文字注释处，双击文字，修改引线对应的文字注释。绘制完成图如图 5-2-15 所示。

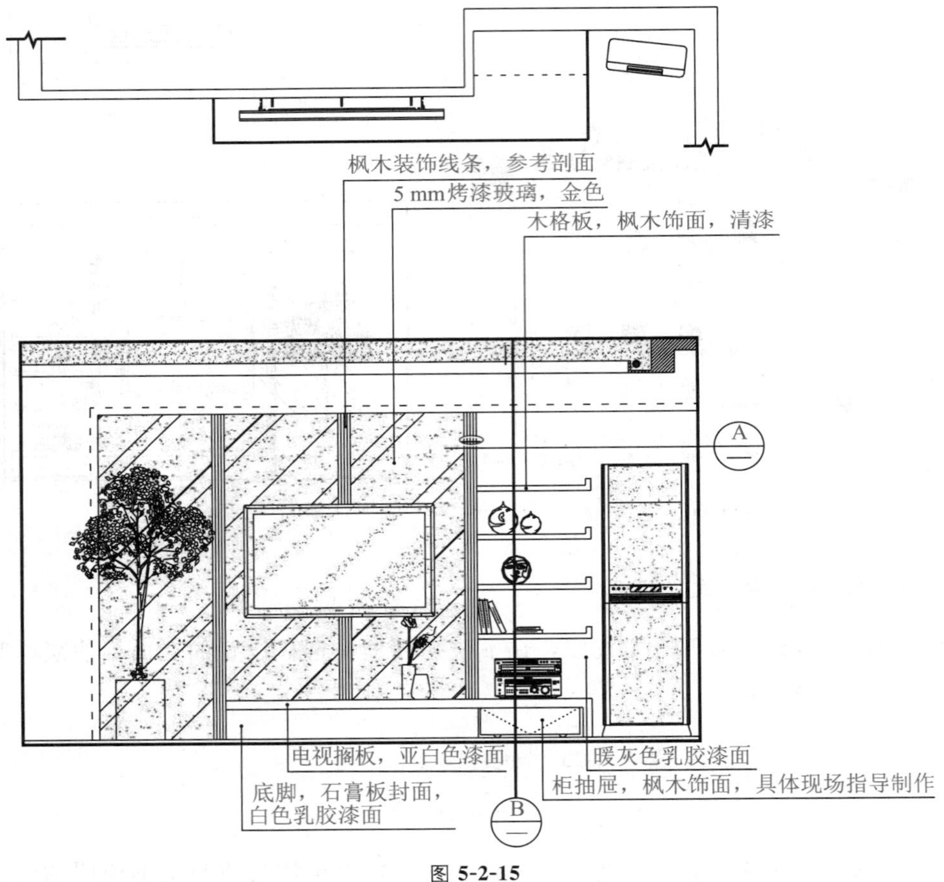

图 5-2-15

6. 标注墙面结构尺寸和各构件的位置尺寸

单击图层工具栏中的下三角按钮，在下拉列表框中选择设置的立面标注层作为当前图层，如图 5-2-16 所示。

图 5-2-16

运用标注样式命令(D)，将之前设置好的立面标注的样式置为当前。在电视背景墙立面图的四周进行尺寸标注。可以调出图 5-2-17 所示的尺寸标注对话框，选择线性标注和连续标注，按照图 5-1-1 所示进行内外尺寸的标注。

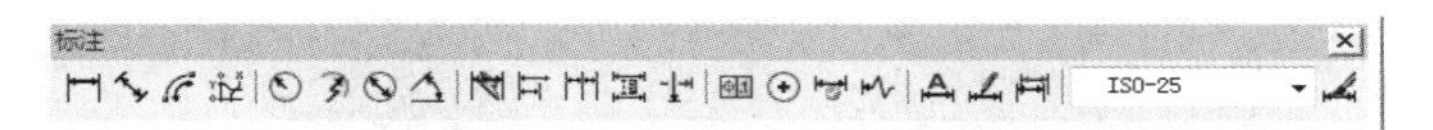

图 5-2-17

使用单行文字命令(T)，选择字大小为 100，字体为宋体，完成图 5-1-1 中图示、比例的标注。运用多段线命令(PL)，修改多段线宽度(W)为 30 mm，绘制多段线在图示下方。

任务拓展

绘一绘：根据本任务的学习，参照前面所学的知识正确绘制图 5-2-18 所示的电视背景墙立面图。

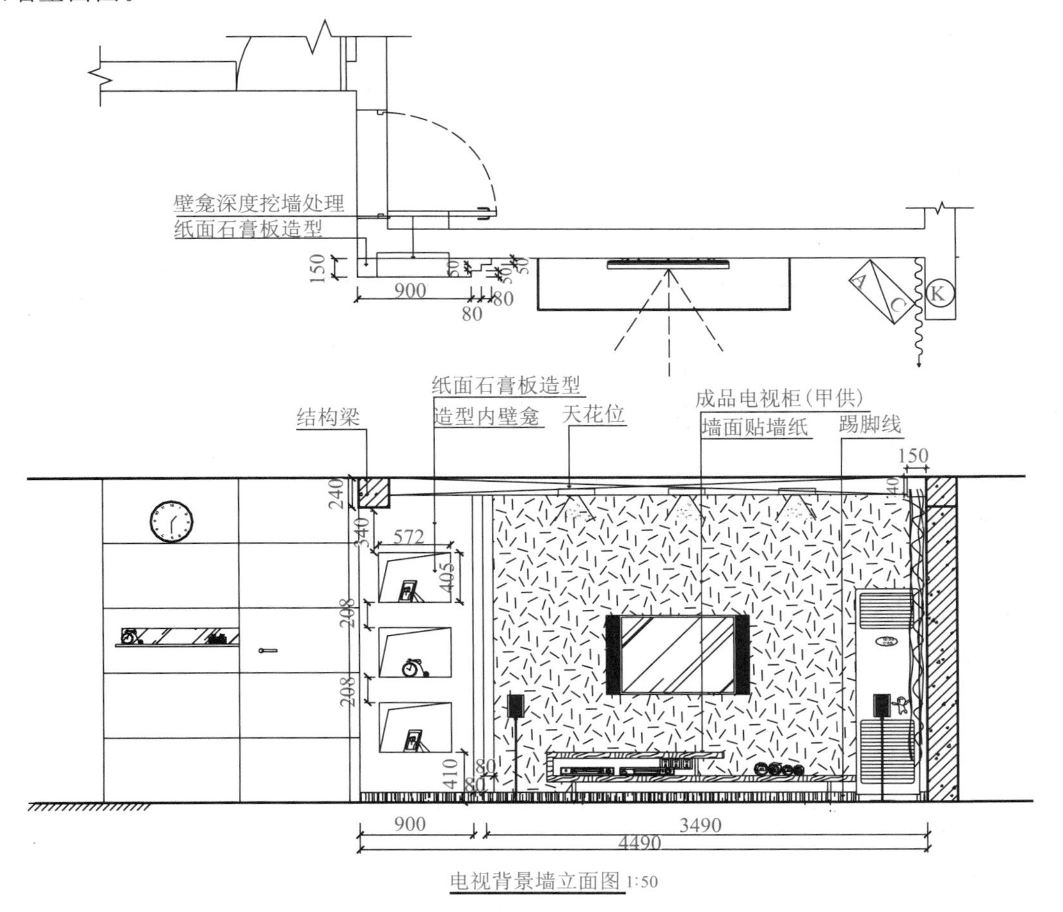

图 5-2-18

项目 6　建筑装饰详图

项目描述

本项目主要完成三个学习情境：第一个情境任务是理解建筑详图的形成原理；第二个情境任务是在理解建筑详图形成原理的基础上识读建筑装饰详图；第三个情境任务是运用 AutoCAD 软件正确绘制建筑装饰详图。

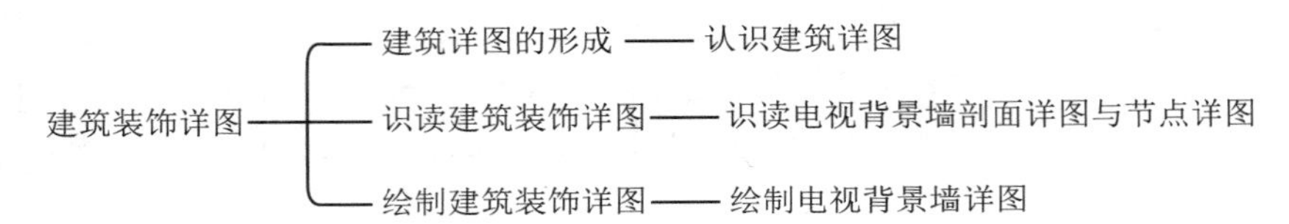

学习情境 1　建筑详图的形成

学习目标

1. 正确理解详图和剖面图的关系。
2. 正确理解建筑详图和建筑装饰详图的关系及建筑详图图示内容。
3. 掌握建筑详图制图规范。

情境描述

在前面的装饰平面图、顶棚图和内墙立面图识读完之后，有一些建筑内部构造、节点装饰构造由于比例或视角的原因仍然未能表达清楚，但是为了满足施工、预算等的要求，必须将这些部位的形状、尺寸、材料、做法等清晰地表达出来，因此根据情况，还需绘制详图部分。这部分是对平面、立面等图样的深化和补充。同时，建筑装饰详图来源于建筑详图，两者是密不可分的，识读建筑装饰详图需先读懂部分建筑详图。

任务　认识建筑详图

任务导入

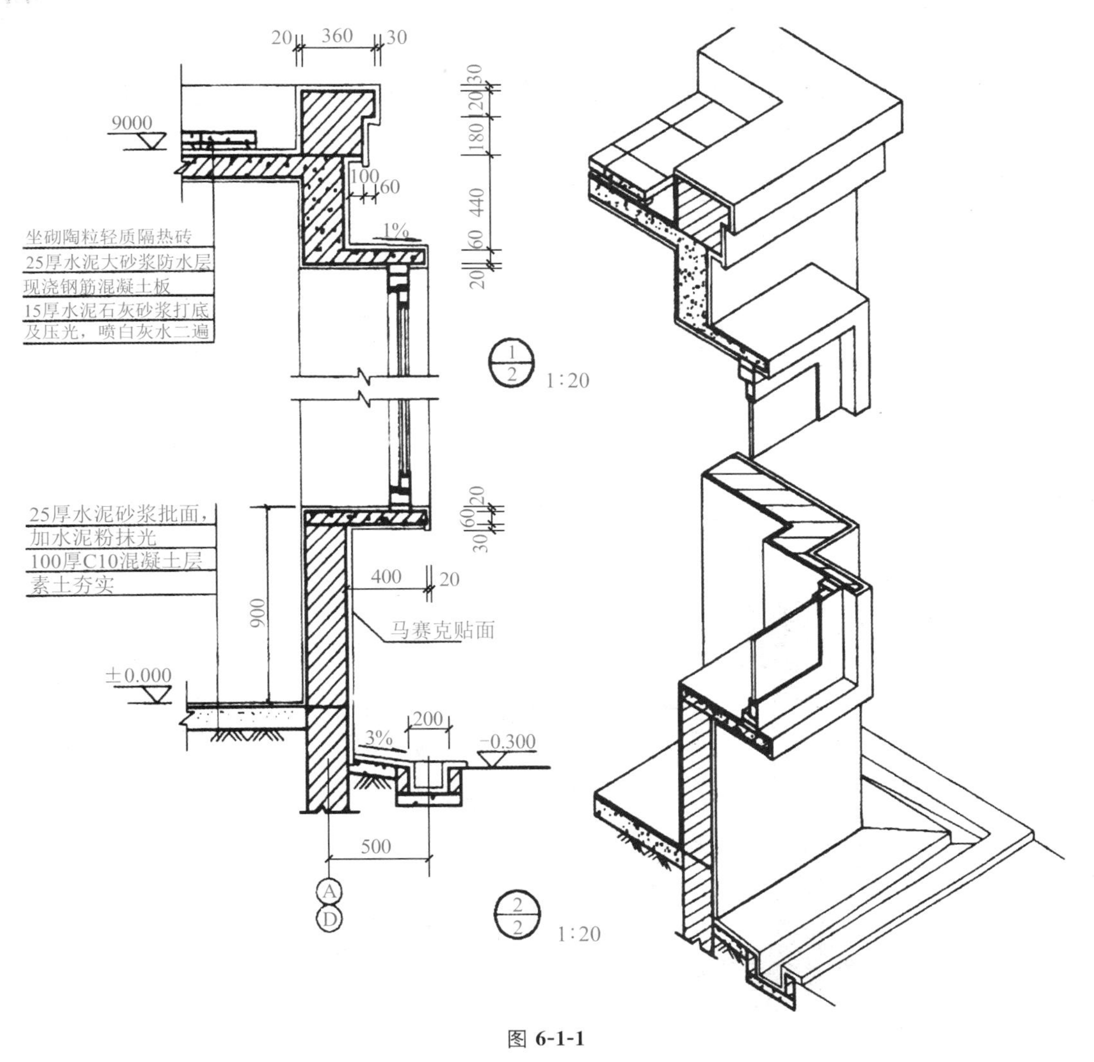

图 6-1-1

思考：

1. 图 6-1-1 所示的外墙详图是建筑体的哪一部分？以现在所在的建筑体为例，能否找出来这一部位？

2. 图 6-1-1 是把建筑体的外墙怎样处理形成的？绘图者的观察点在哪里？

知识链接

一、建筑详图的形成

由于建筑平面图、建筑立面图、建筑剖面图中比例的关系，我们无法看清楚建筑各个部位的细部构造，我们需要用较大的比例绘出某些建筑细部的构造图样，称之为建筑详图，建筑详图通常以剖面图或局部节点剖面图来表达。在图 6-1-1 中就是墙身的局部放大剖面图，它能详尽的表明墙身从防潮层到屋顶的各主要节点的构造和做法。在图 6-1-2 中，需要知道窗的细部，因此把窗部位垂直剖切，放大比例，见图 6-1-3，画的投影图即是窗部位及相连墙体的建筑详图，见图 6-1-4。

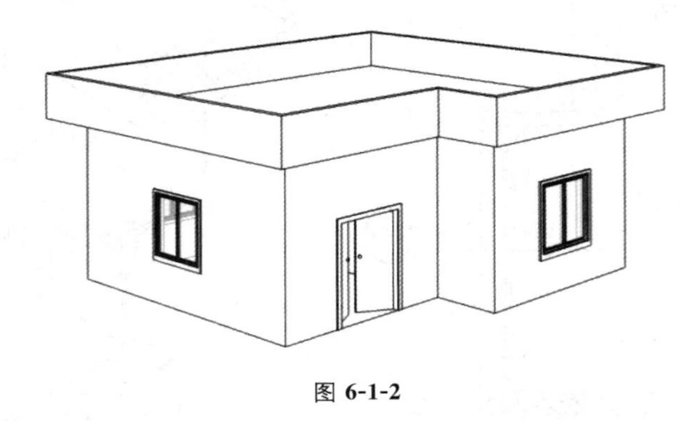

图 6-1-2

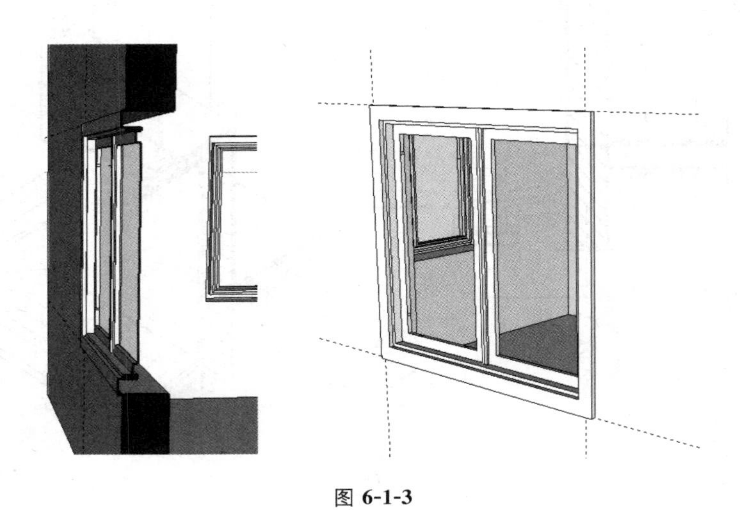

图 6-1-3

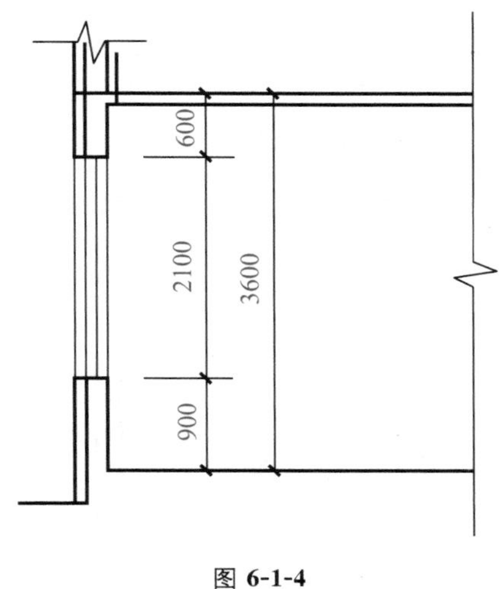

图 6-1-4

二、建筑详图的特点与作用

建筑详图的主要特点是：用能清晰表达所绘节点或构配件的较大比例绘制，尺寸标注齐全，文字说明详尽。

建筑详图的主要作用是：表达构配件的详细构造，如材料、规格、相互连接方法、相对位置、详细尺寸、施工要求和做法的说明等。

任务实施

填一填：正确识读图 6-1-1 所示的外墙节点详图。

(1)勒脚高度为________mm，材料为________。

(2)窗台高度为________mm，材料为________。

(3)一层楼地面的各层材料为________；屋面结构面材料为________，屋顶标高为________。

(4)散水的排水坡度为________；室内外高差为________。

(5)根据图 6-1-4 所示，窗台高度为________，窗高度为________，建筑物层高为________。

任务拓展

练一练：识读并绘制标准层楼梯详图 6-1-5，并注意和首层、顶层楼梯详图做比较。

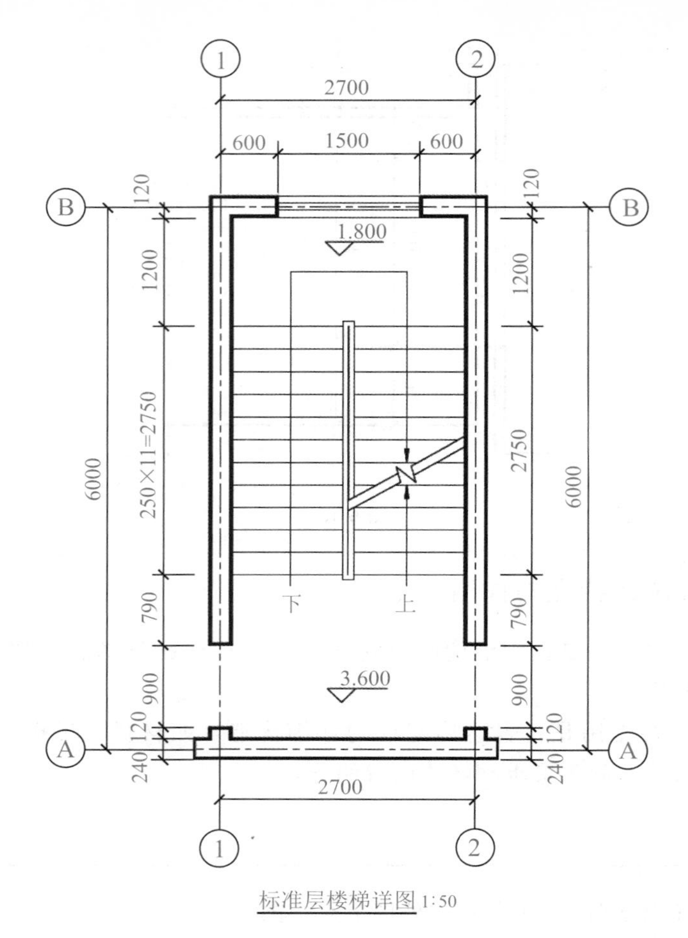

图 6-1-5

学习情境 2 识读建筑装饰详图

学习目标

1. 正确识读建筑装饰详图的图示内容。
2. 正确识读建筑装饰详图的注释。
3. 掌握建筑室内装饰装修制图标准。

情境描述

建筑装饰详图是对建筑装饰平面图、建筑装饰立面图的深化和补充。建筑装饰详图分为剖面详图和节点详图两小类。剖面详图是将装饰面(或装饰体)整体剖开(或局部剖开)后，得到的反映内部装饰结构与饰面材料之间关系的正投影图。节点详图是将装饰构造的重要连接部位，按一定比例局部放大或切开再放大画出的图。这两种建筑装饰详图的读图方法与建筑详图完全一致，只是剖切的位置不同，所以要读懂建筑装饰详图必须理解剖面图、断面图、建筑详图的成图原理及它们之间的关系。本学习情境的任务承接前面所学的装饰施工图，读图时注意联系。

任务　识读电视背景墙剖面详图与节点详图

任务导入

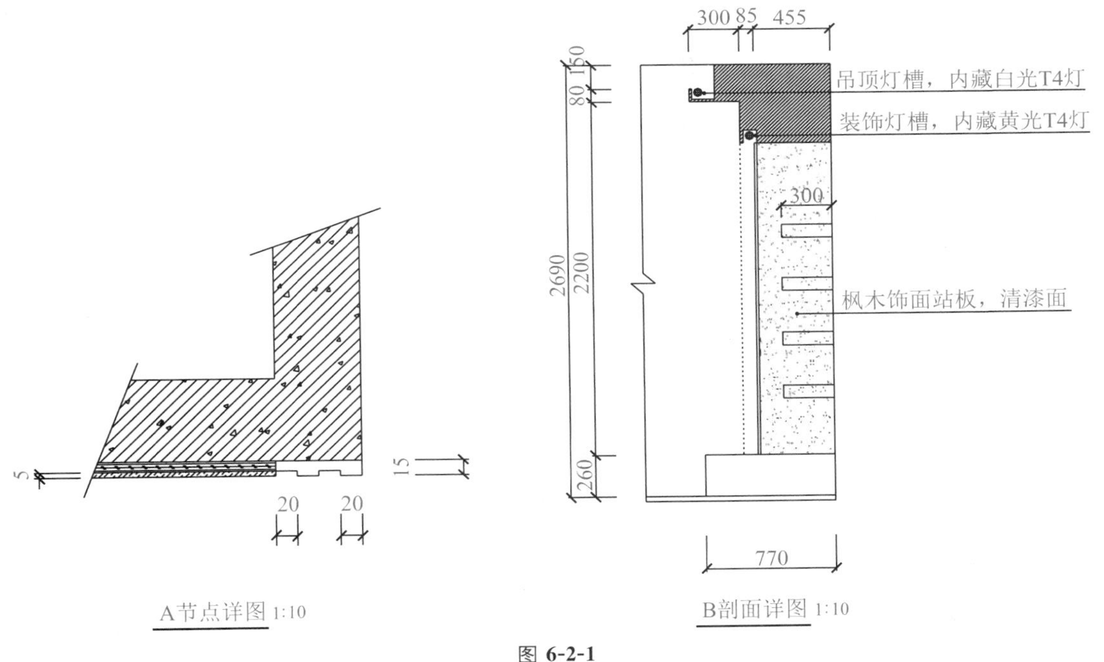

图 6-2-1

思考：

1. 图 6-2-1 所示的 A 节点详图、B 剖面详图对应的详图编号在哪一张图上？
2. A 节点详图是电视背景墙中的枫木装饰线条部位怎么处理得出的视图？
3. B 剖面详图是电视背景墙中哪个部位的剖切图？
4. 这种类型的图能告诉我们电视背景墙哪些信息呢？

知识链接

一、建筑装饰详图的图示内容

建筑装饰详图经常采用大比例绘制，一般比例采用 1∶50 至 1∶10，常见比例有 1∶15、1∶20等。

建筑装饰详图表示构件和装饰面的连接形式、材料、截面形状和尺寸等内容。

用引出线表示各部分具体材料和具体施工工艺。

图名中的编号和装饰立面图的详图索引符号对应。

二、建筑装饰详图的作用

前面的建筑装饰平面图、顶棚图和内墙立面图识读完之后，有一些装饰内容仍然未能表达清楚，需要根据实际情况，放大比例，将装饰面整个剖切或局部剖切，以表达它的内部构造和装饰面与建筑结构的相互关系，简单来说就是将在平面图、立面图中未表达清楚的部分来放大表达。

三、建筑装饰详图的读图要领

在识读建筑装饰详图时，首先根据图名，在平面图、立面图中找到相应的剖切符号或索引符号，了解装饰详图源自哪个部位的剖切和视图方向。

研究建筑装饰详图的图示内容，明确装饰工程各部位组成部分关键性的细部做法，如从图例符号上看用料，从剖切线框的线型上看物体的形状和构造。

一般建筑装饰详图不单独成图，而是和对应的建筑装饰立面图放置在同一个图面上，遵循“高平齐”要求。

任务实施

填一填：识读图 6-2-1 所示的建筑装饰详图。

(1)请在电视背景墙立面图上圈出 A 节点详图、B 剖面详图的大致剖开位置。

(2)识读 A 节点详图，请画出 A 图上电视背景墙上的枫木装饰线条的截面形状并说出截面尺寸。

(3)电视背景墙的主材是________，厚度为________；请在 A 节点详图上圈出主材的位置。

(4)识读 B 剖面详图，该剖面详图是________(全、半、局部)剖面图；枫木站板的宽度________，厚度________。

(5)电视机柜的侧面宽度为________；装饰灯槽的宽度为________，装饰灯选用________灯光。

圈一圈：请对照 A 节点详图、B 剖面详图中的图示在图 6-2-2 的客厅效果图中圈出对应的位置。(教师可以自由设问。)

图 6-2-2

任务拓展

认一认：请根据详图的识图方法正确识读图 6-2-3 所示的卧室床背景剖面详图和节点详图。（学生根据教师的设问回答。）

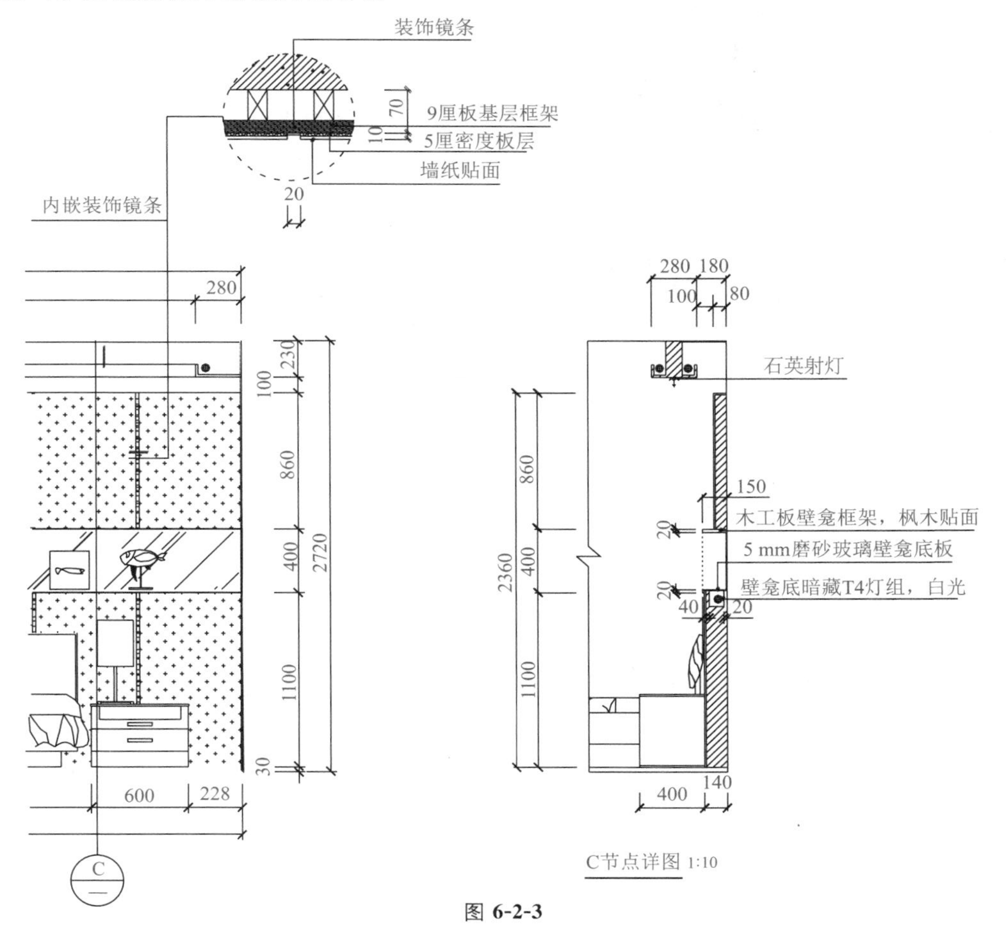

图 6-2-3

圈一圈：请对照图 6-2-3 在卧室效果图 6-2-4 中圈出对应的位置。（学生根据教师的设问回答。）

图 6-2-4

学习情境 3 绘制建筑装饰详图

学习目标

1. 掌握建筑装饰详图的绘图思路和步骤。
2. 正确运用 AutoCAD 软件绘制建筑装饰详图。
3. 再一次熟记建筑装饰详图涉及的国家标准。

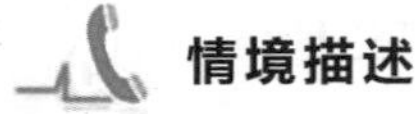

情境描述

本学习情境要求学生在对已有的建筑装饰详图熟读的基础上运用 AutoCAD 进行抄绘来强化练习，学生在抄绘过程中不仅可以强化识读详图的步骤，提高识图能力，还能掌握绘制装饰剖面图、详图的绘图方法，并探索快速绘图的技巧与方法。本学习情境主要通过一个任务来学习建筑装饰详图的绘制。

任务　绘制电视背景墙详图

任务导入

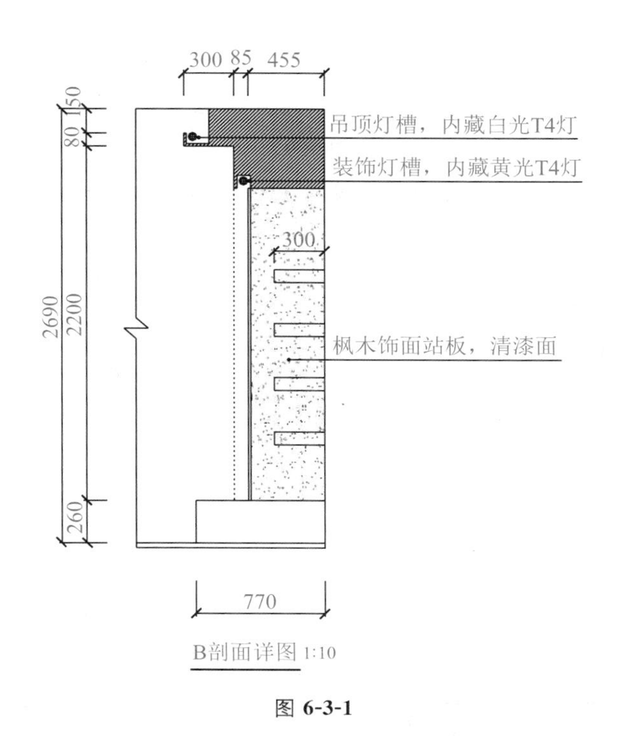

图 6-3-1

思考：

1. 用计算机绘制图 6-3-1 B 剖面详图的步骤是什么？
2. 绘制时需要截取立面图哪部分作为底框？
3. 绘图过程中，要注意哪些建筑装饰详图的国家标准？

任务实施

一、设置绘图环境

绘图环境设置可参考前文。

二、绘制电视背景墙详图

输入快捷键(Z)和全屏缩放(A)后，进入绘制电视背景墙详图阶段，详图绘制步骤可以按照绘制主体轮廓线—绘制内部定位线—图案填充—标注构造材质及文本说明—标注详图结构尺寸和各构件的位置尺寸的顺序进行。

1. 绘制主体轮廓线

先将立面图截取部分，运用复制命令(CO)复制到空白处，运用修剪命令(TR)修剪多余部分。

单击图层工具栏中的下三角按钮，在下拉列表框中选择设置的墙线层作为当前图层，如图 6-3-2 所示。

图 6-3-2

运用多段线命令(PL)，对应着图 6-3-3 中左边的立面图，按照“高平齐”的投影性质，绘制立面详图的基本轮廓线。具体操作如下。

```
命令：PL
PLINE
指定起点：
当前线宽为 10.0000
指定下一个点或[圆弧(A)/半宽(H)/长度(L)/放弃(U)/宽度(W)]：W
指定起点宽度<10.0000>：10
指定端点宽度<10.0000>：10
```

绘制完成图如图 6-3-3 所示。

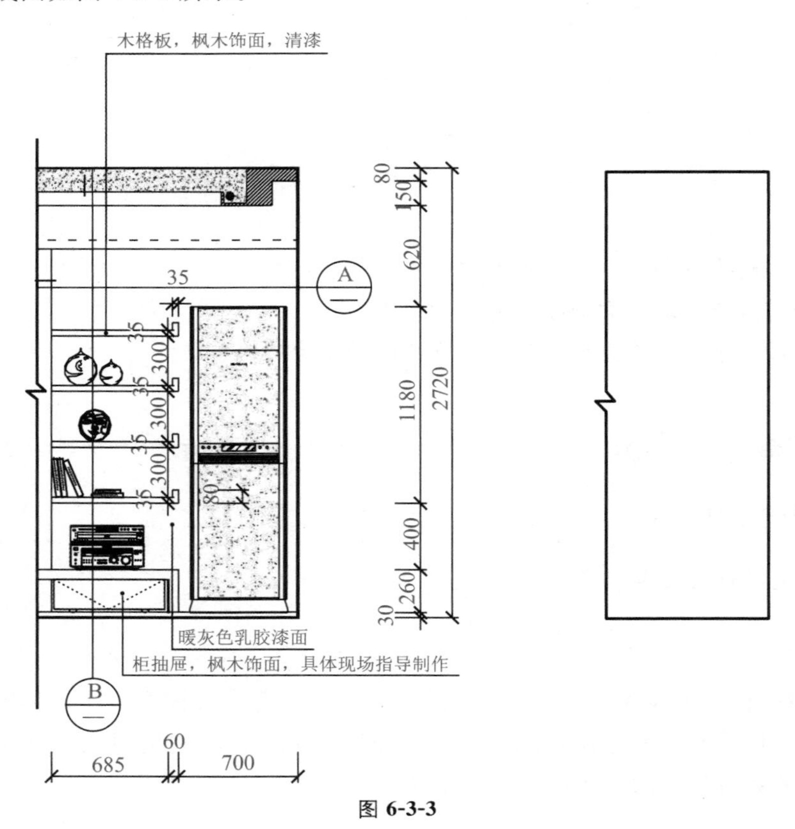

图 6-3-3

2. 绘制内部定位线

运用直线命令(L)，根据立面图的尺寸要求绘制好详图中对应的吊顶、墙线、木格板、电视机柜。再画一条该图层的细的地坪线，运用偏移命令(O)，偏移 30 mm 作为立面详图的踢脚线，如图 6-3-4 所示。

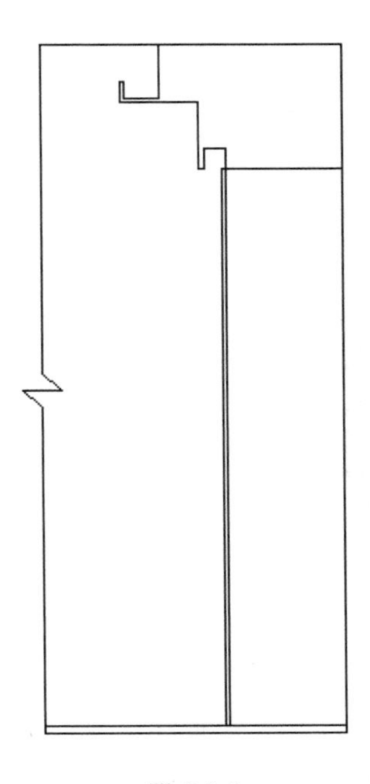

图 **6-3-4**

运用圆命令(C)，在吊顶位置处绘制出灯的形状，半径为 25 mm，再运用偏移命令(O)偏移出同心小圆，半径为 15 mm；运用直线命令(L)，把圆的垂直和水平直径画出，如图 6-3-5 所示。

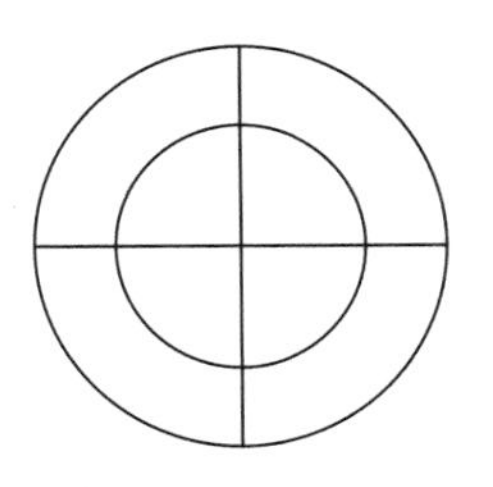

图 **6-3-5**

修改已绘灯带线的线型比例。选中线条，右击，选择特性，修改其线型，如图 6-3-6 所示，改为虚线。再将其比例改为 300(具体线型比例根据实际图形绘制而定)，使其呈虚线显示。绘制完成图如图 6-3-6 所示。

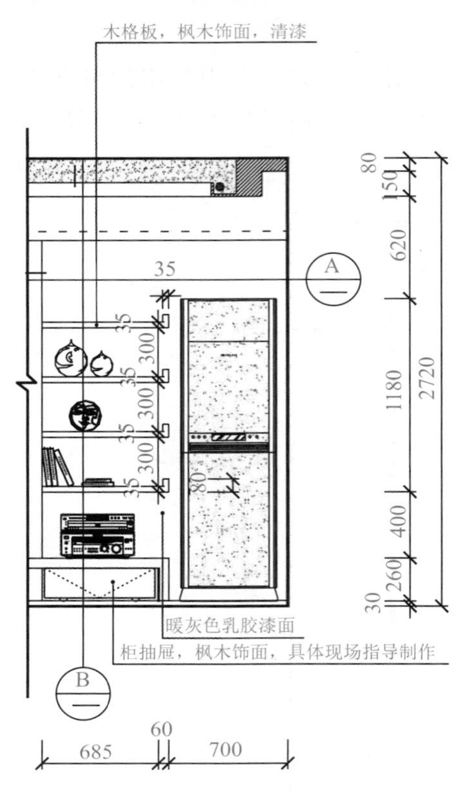

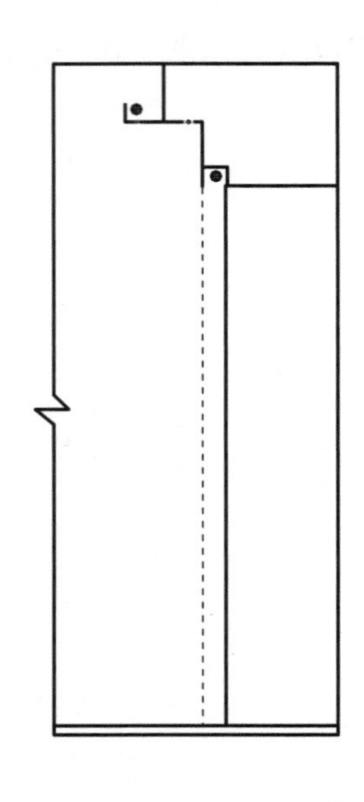

图 6-3-6

运用直线命令(L)，根据立面图的尺寸要求绘制好详图中的一个墙上的木格板。运用复制命令(CO)，根据相距的高度要求，复制出另外三个木格板。运用直线命令(L)，根据立面图的尺寸要求绘制好电视机柜抽屉。运用修剪命令(TR)，剪切被电视机柜遮挡的部分墙线。绘制完成图如图 6-3-7 所示。

3. 图案填充

单击图层工具栏中的下三角按钮，在下拉列表框中选择设置的填充层作为当前图层，如图 6-3-8 所示。

运用填充命令(H)，选择合适的填充图案，修改填充比例，选择添加拾取点的方式，拾取应该填充的立面详图造型部分，来区别不同的造型、材料，如图 6-3-9 所示。绘制完成图如图 6-3-10 所示。

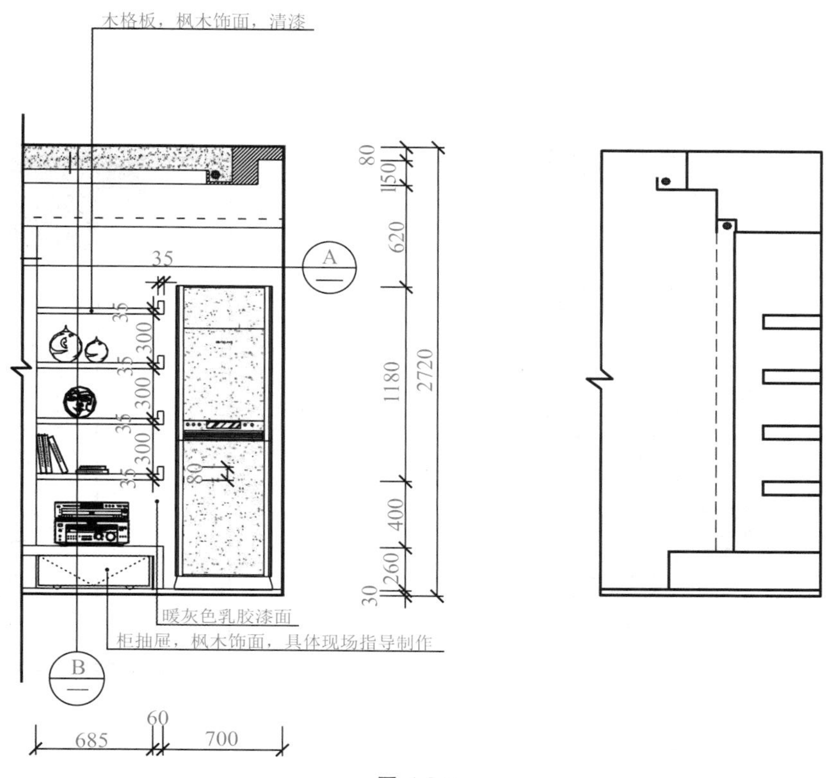

图 6-3-7

图 6-3-8

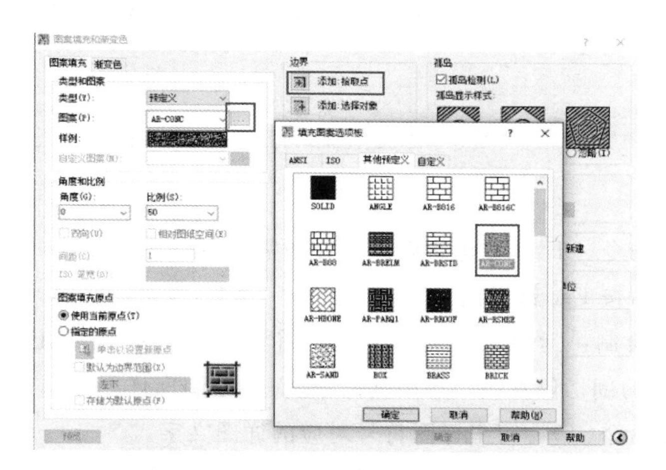

图 6-3-9

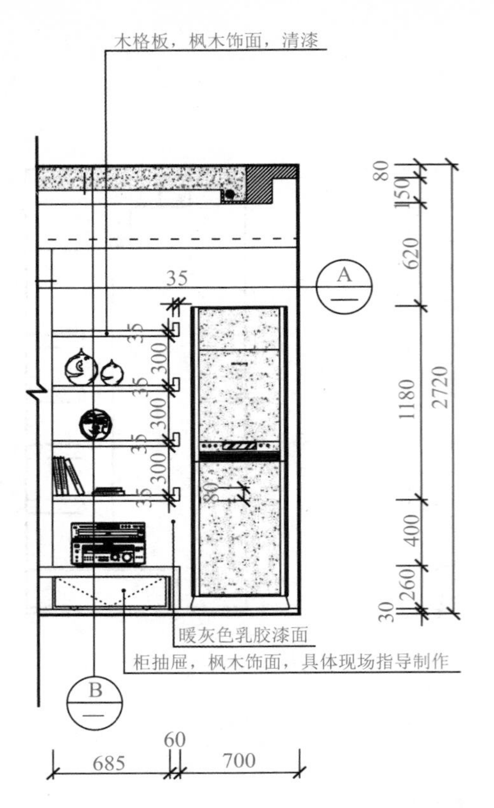

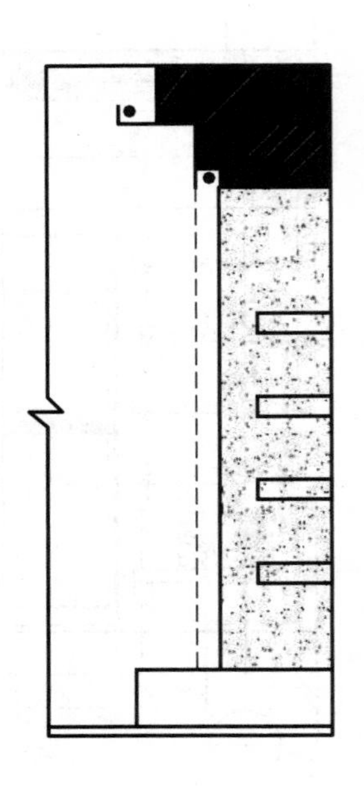

图 6-3-10

4. 标注构造材质及文本说明

单击图层工具栏中的下三角按钮，在下拉列表框中选择设置的标注层作为当前图层，如图 6-3-11 所示。

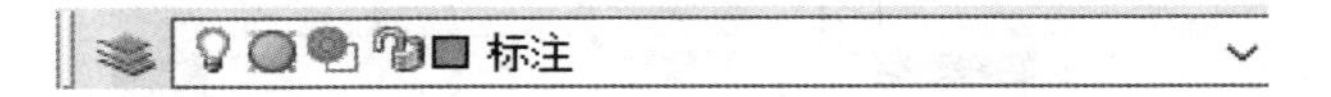

图 6-3-11

运用引线标注命令(LE)，在电视背景墙详图需要标注材质与文本说明的地方绘制出引线。绘制好引线后按 Esc 键退出。

详图索引符号绘制：运用直线命令(L)，将详图的索引线绘出；运用多段线命令(PL)，绘制出详图的剖切位置线；运用圆命令(C)，绘制出详图符号；选择相应的文字样式，运用单行文字命令(T)，写出详图符号对应的详图文字。

引线的文字单独注释。单击图层工具栏中的下三角按钮，在下拉列表框中选择设置的文字层作为当前图层，如图 6-3-12 所示。

图 6-3-12

运用单行文字命令(T)，指定第一点，之后指定对角点。输入文字注释后，选中文字，修改文字高度、文字字体；也可以直接在绘图前设置好相应的立面文字注释样式，修改好大小、字体；还可以直接按照指定的文字样式写对应文字，运用复制命令(CO)，复制到其他引线对应的文字注释处，双击文字，修改引线对应的文字注释。绘制完成图如图 6-3-13 所示。

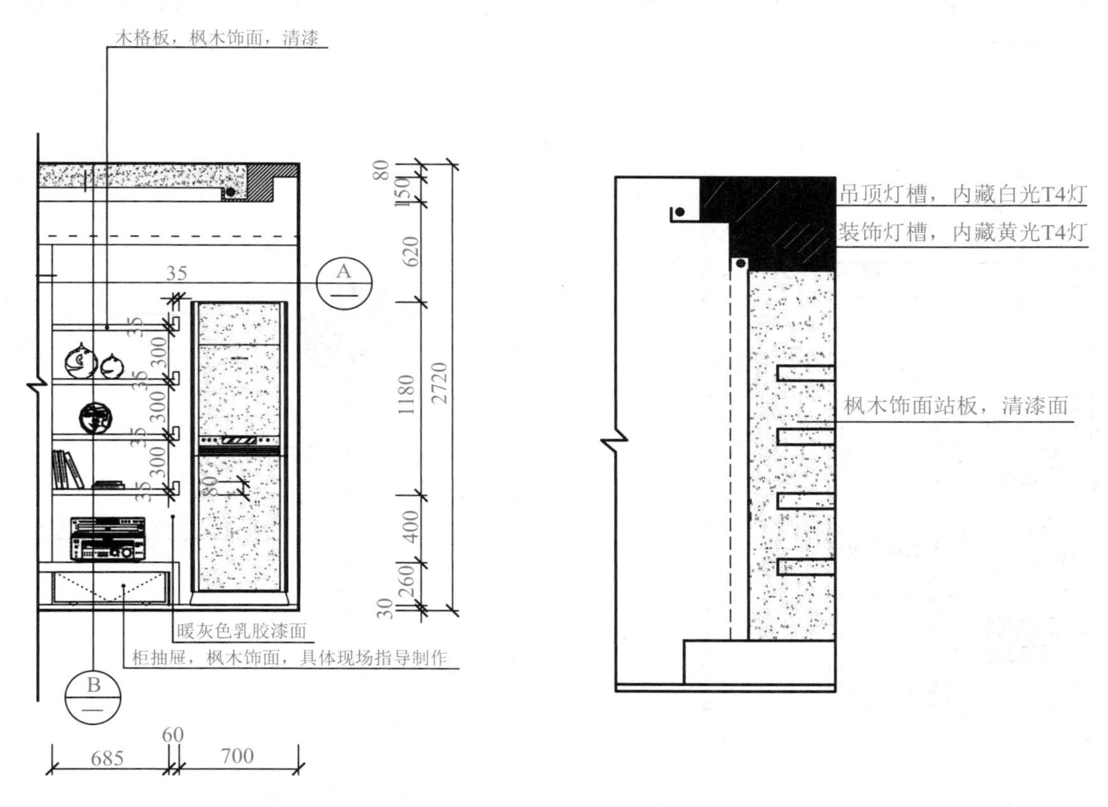

图 6-3-13

5. 标注详图结构尺寸和各构件的位置尺寸

单击图层工具栏中的下三角按钮，在下拉列表框中选择设置的标注层作为当前图层，如图 6-3-14 所示。

图 6-3-14

运用标注样式命令(D)，将之前设置好的立面标注的样式置为当前。在电视背景墙详图的四周进行尺寸标注。可以调出图 6-3-15 所示的尺寸标注对话框，选择线性标注和连续标注，按照图 6-3-1 所示进行内外尺寸的标注。

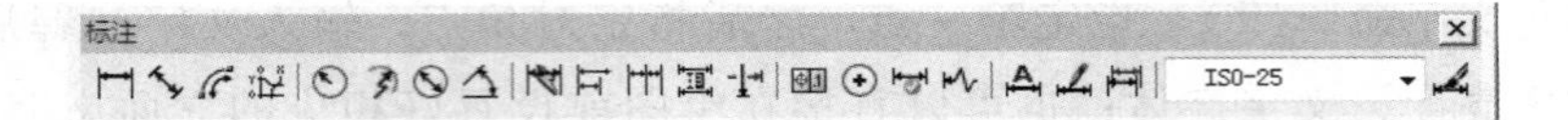

图 6-3-15

使用单行文字命令(T)，选择字大小为 100，字体为宋体，完成图 6-3-1 中图示、比例的标注。运用多段线命令(PL)，修改多段线宽度为 30 mm，绘制多段线在图示下方。完成图如图 6-3-16 所示。

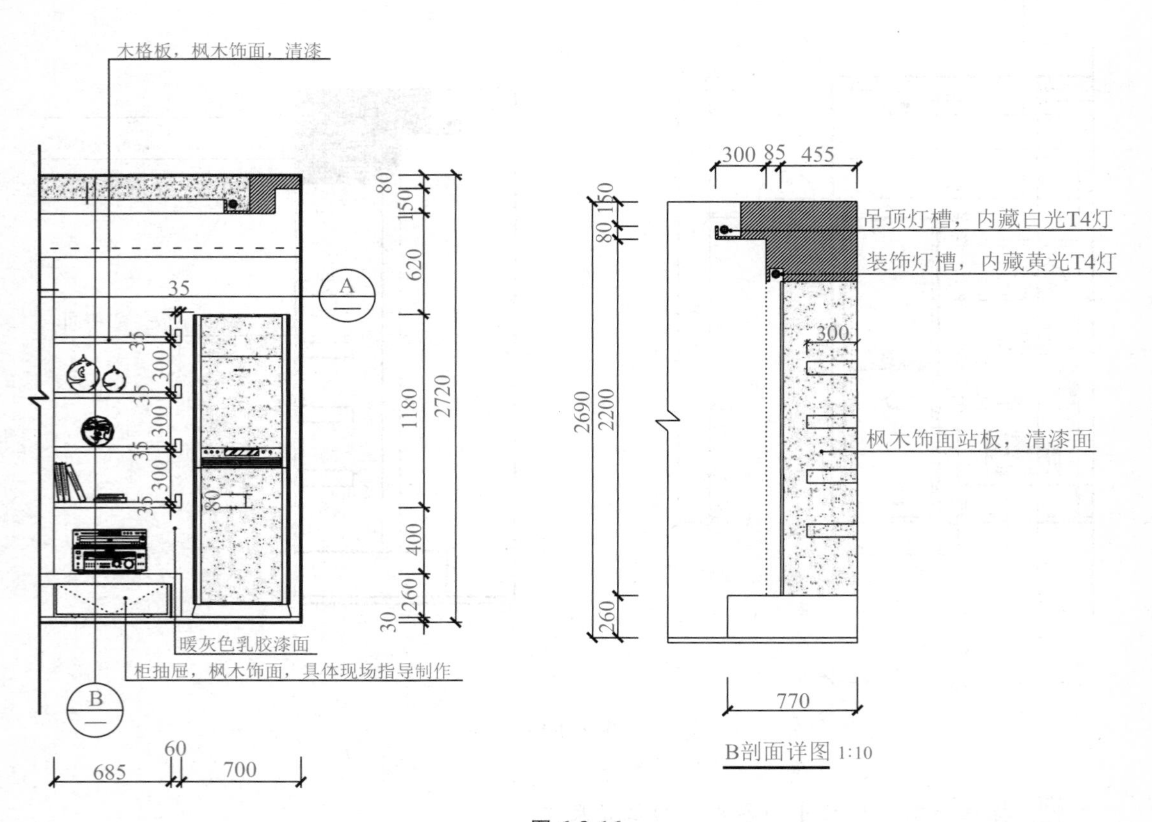

图 6-3-16

任务拓展

绘一绘：在正确识读图 6-3-17 所示的卧室立面图和详图的基础上，绘制 C 剖面详图。

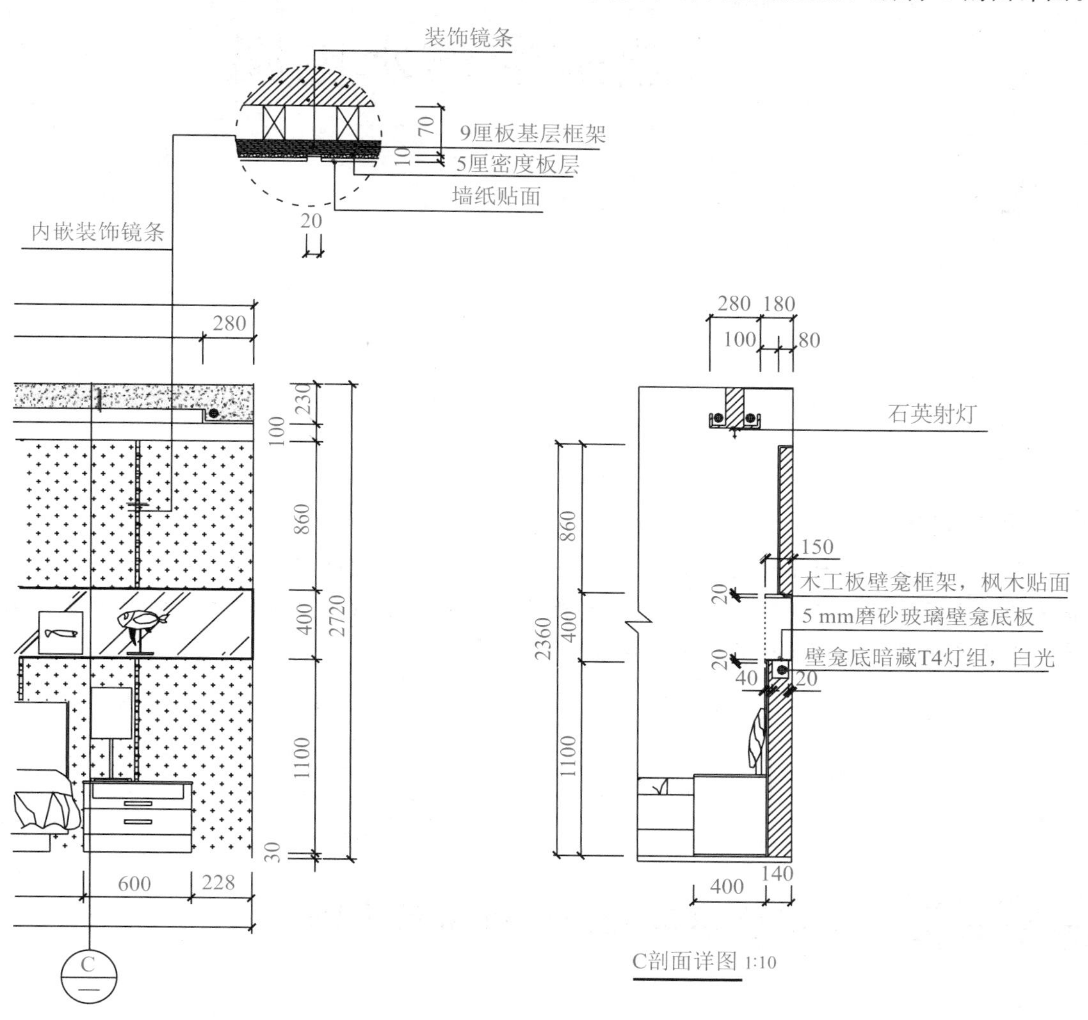

图 6-3-17

项目 7　建筑装饰水电图

项目描述

本项目主要完成两个学习情境：第一个情境任务是通过学习给排水平面图、给排水系统图能读懂一般简单的建筑装饰给排水管道图；第二个情境任务是通过学习照明平面图、插座平面图能读懂一般简单的建筑装饰电气图。

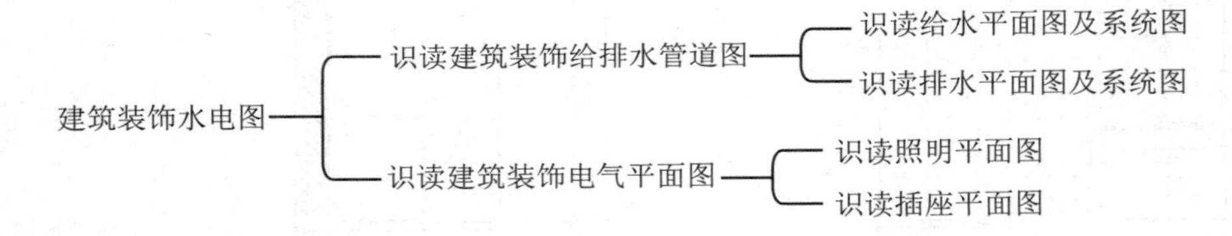

学习情境 1　识读建筑装饰给排水管道图

学习目标

1. 能看懂给水管道的走向如何，如何送至各用水点的，并能理解其中的原因。
2. 能看懂排水管道如何将卫生器具上的污废水排出的。

情境描述

如果你家买了图 7-1-1 这样一套房子，要安装给排水管道，装修公司给了给排水管径改装图。你如何看懂改装图？如何评价改装图的好坏？通过本情境的学习你的相关能力会有很大提高。

任务 1　识读给水平面图及系统图

任务导入

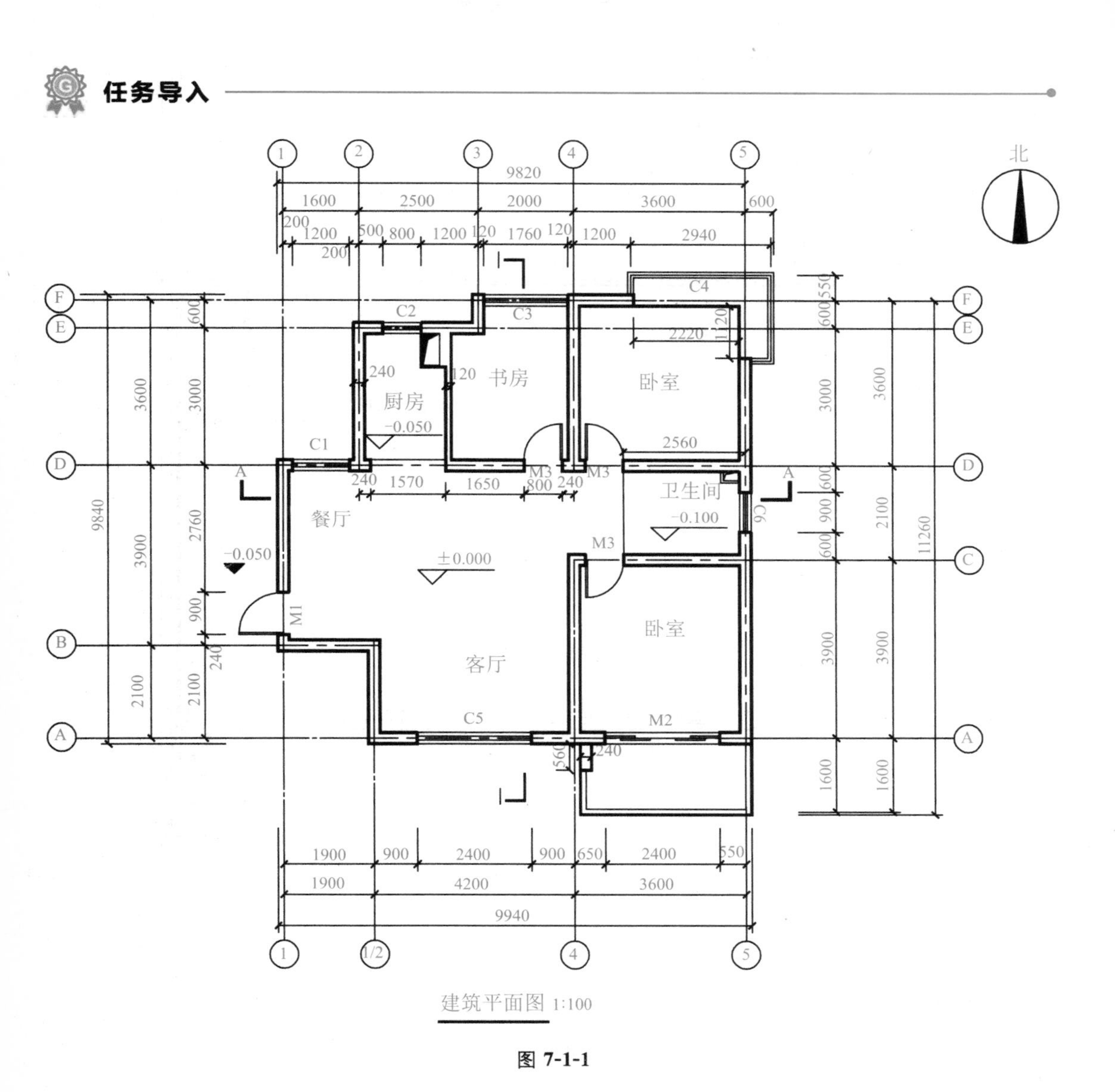

图 7-1-1

思考：

在图 7-1-1 所示的户型平面图中你认为哪些地方要用水？水又应该如何送到各用水点？

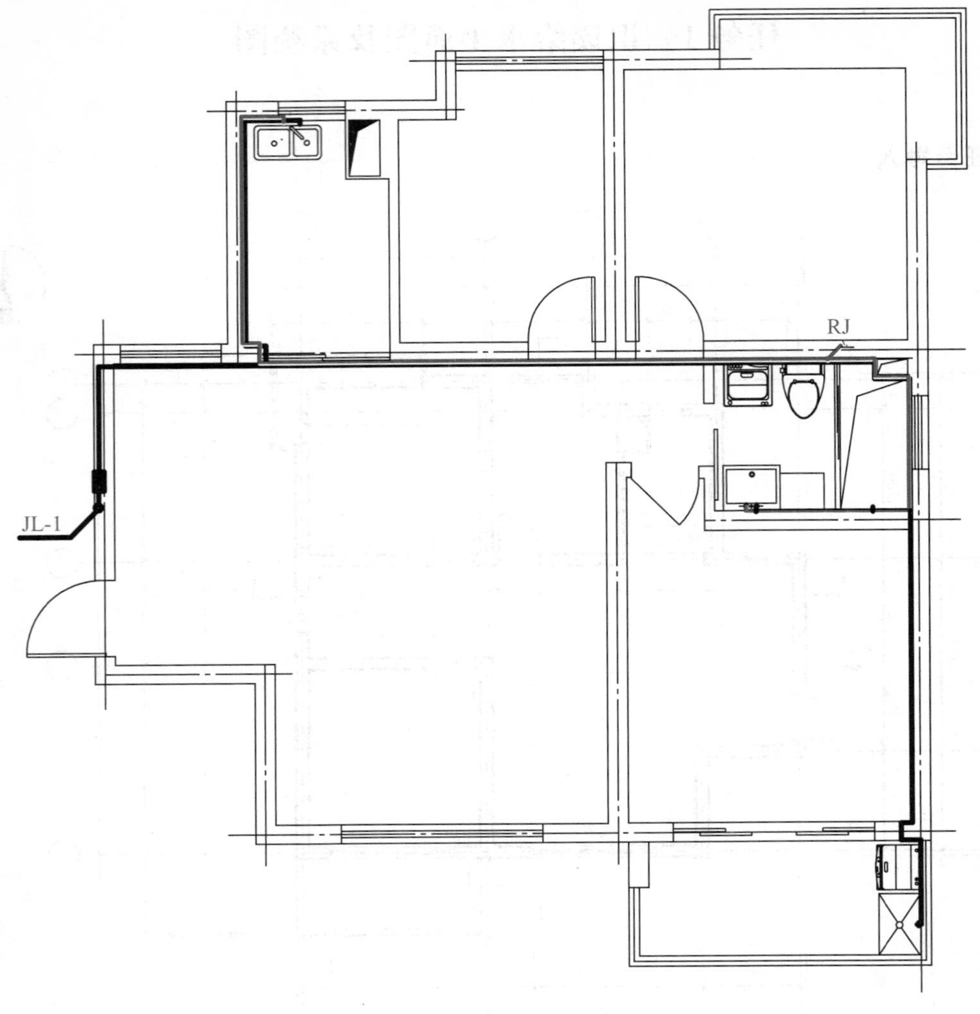

图 7-1-2

思考：

1. 图 7-1-2 给水平面布置图中给水立管位置在哪里？水表节点（水表及阀门）位置在哪里？

2. 看图 7-1-2，说说管道水是经过哪些地方送到各用水点的，用前后左右方向来说。

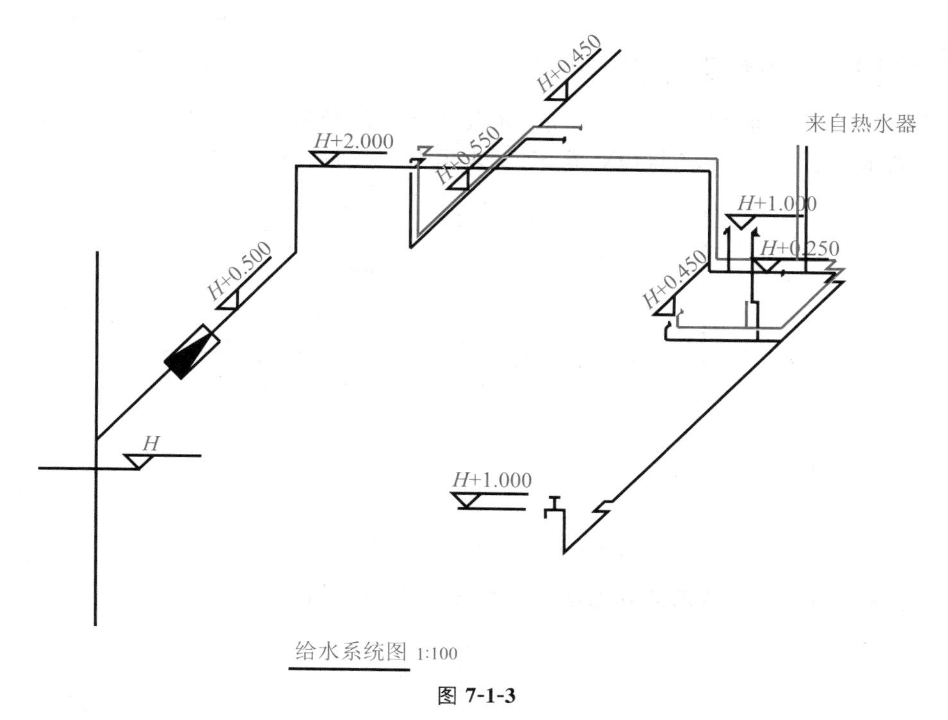

图 7-1-3

思考：

1. 你能否在图 7-1-3 中标出各供水点的名称？

2. 对照给水平面布置图(图 7-1-2)说说给水管为什么有时往上走，有时又往下走，在什么位置上下走的？

知识链接

在一个投影面中同时反映物体的长、宽、高三个方面的尺寸和形状，得到有立体感的图形，这种图形称为轴测图。常用的轴测图有正等轴测图和斜等轴测图两种。

1. 正等轴测图的轴间角与轴向比例

使物体本身的空间直角坐标轴 OX、OY、OZ 互成 120°，用正投影法所得的图形，称正等轴测图。

三轴都按 1∶1 的比例量取尺寸，如图 7-1-4 所示。

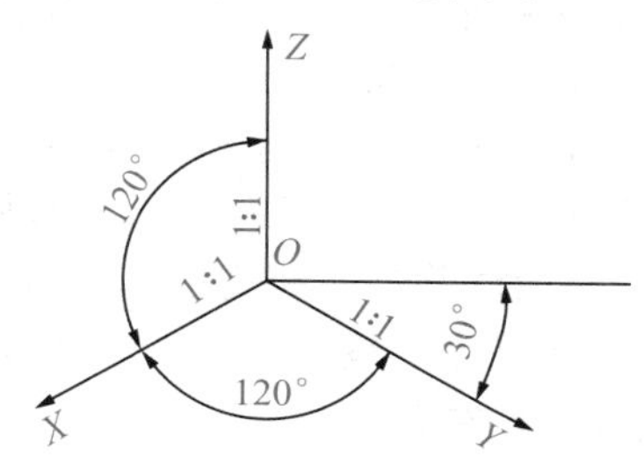

图 7-1-4　正等轴测图的轴测轴

2. 斜等轴测图的轴间角与轴向比例

斜等轴测图的轴间角如图 7-1-5 所示。OX 为水平线位置，表示左右方向；OY 与 OX 成 135°，表示前后方向；OZ 与 OX 成 90°，表示上下方向。轴向比例均取 1∶1。

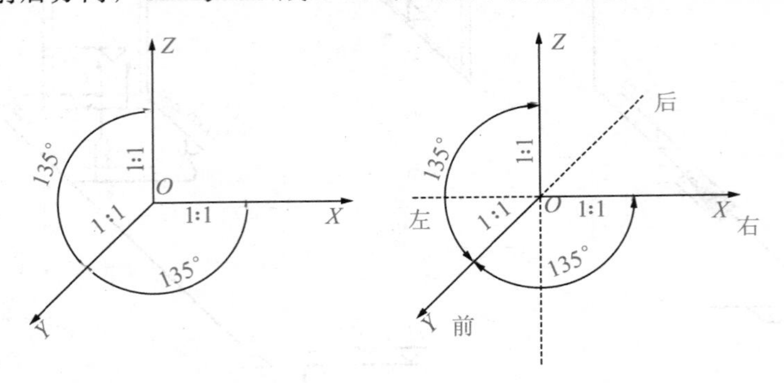

图 7-1-5　斜等轴测图的轴测轴

例题：根据图 7-1-6 所示的立面图、平面图，说明下列管线的走向。

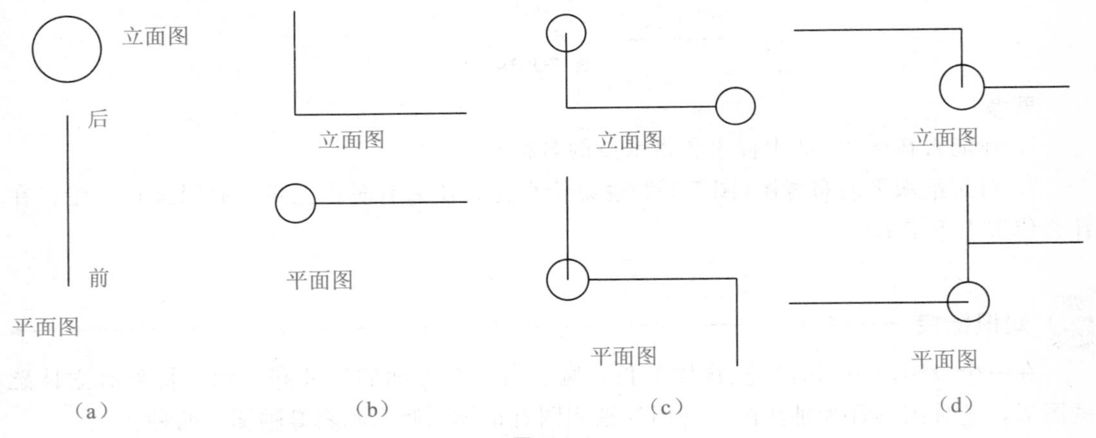

图 7-1-6

答案：图 7-1-6(a)管线走向为从前往后；图 7-1-6(b)管线走向为从上往下再往右；图 7-1-6(c)管线走向为从后往前再往下再往右再往前；图 7-1-6(d)管线走向为从左往右再往下然后往后，在往后的管线中间分支出一管线往右。

给水管和热水管并列布置时，在平面图上为了能看出两根管线，会分开一定的距离。结合系统图才能清楚认识是不是并列布置。而且要求热水管布置在给水管道的上面，热水龙头布置在左，冷水龙头布置在右，切勿装反。

给水管道不能穿梁、柱等承重结构，尽量远离对噪声有要求的书房、卧室等。给水管道下配水的水龙头一般在离楼地面 0.45 m 处接角阀，再用软管接至水龙头。上配水的水龙头一般离楼地面 1.0 m，因一般洗脸盆安装高度 0.8 m。坐便器低位水箱角阀安装高度一般为 0.25 m。淋浴器阀门安装高度一般 1 m 左右。淋浴龙头安装高度不可调的一般离楼地面 2.1 m 左右，可调的 1.2 m 左右。

任务实施

绘一绘：画出图 7-1-7 中各图的斜等轴测图(系统图)。

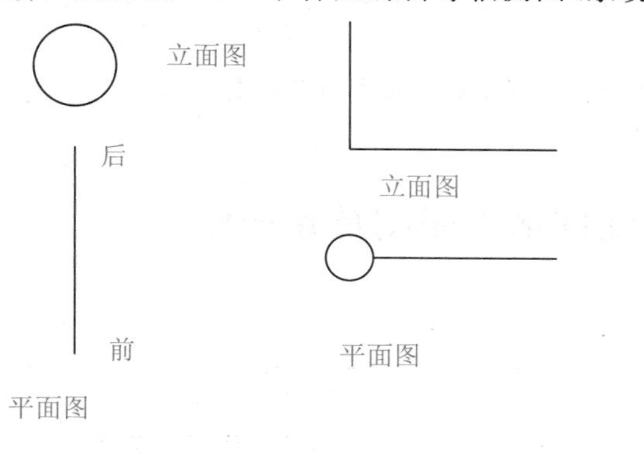

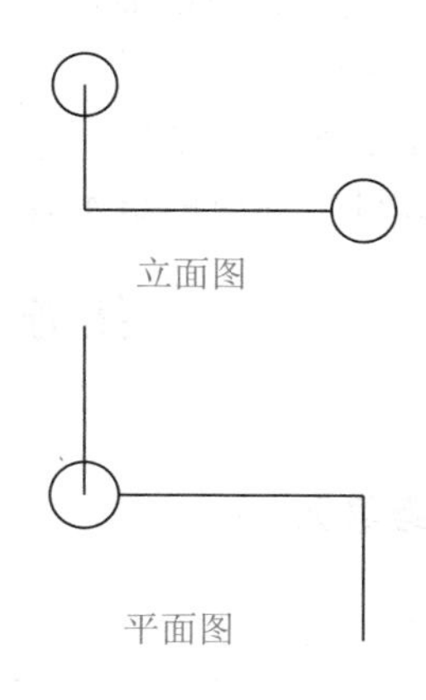

图 7-1-7

填一填：根据图 7-1-1、图 7-1-2 和图 7-1-3 回答下列问题。

(1)给水支管从立管高度为________处接出，接水表后往________走至轴线________处附近往________走至离楼面________高处，然后往右走。

(2)走至厨房门顶离地 2.0 m 处。(为何要这么高?)往后穿轴线 D 处的墙，再往________走至墙内。然后往________走至离楼地面________处，再往________直至墙角，然后往________走至洗涤盆。

(3)(接 1 题处)继续往________走，走至卫生间隔墙后往________走，至离楼面________ m，再往________走一点接一往上至 1 m 的洗衣机水龙头。再往________接坐便器角阀，再往右一点接往上进入热水器的冷水管。再后________至墙角，沿墙角，先往________一点再往右，然后再往________，走到轴线________的卫生间间墙，接一往________的支管。

(4)(接 3 题处)支管往上接一淋浴器。再往________走至洗脸盆处装一角阀。

(5)(接 3 题处)继续后前走至轴线为________墙角，绕柱边，先往________，再往________，然后往________至墙内，再往________到洗衣机边往上至________ 1 m 接一洗衣机水龙头。

(6)热水管整体布置在给水管以上 200 mm 处，从卫生间热水器接下，先看去厨房的管线。往________至卫生间隔墙，往上至离楼地面________ m 处，再往________至厨房处，再往________走至墙内。然后往________走至离楼地面________ m 处，再往________直至墙角，然后往________走至洗涤盆。

(7)再看卫生间热水，从热水器下来后，往________至墙角，沿墙角，先往________一点再往右，然后再往________，走到轴线________的卫生间间墙，往________至淋浴器往上接淋浴阀门，冷热水管间距要求为 150 mm。继续往________到洗脸盆处往上至 0.45 m装一角阀。

(8)请同学们用电线管接一定比例(如 1∶30)接出管线实物图。

任务拓展

练一练：1. 冷热水管道并列布置时，________在上，________在下，________在左，________在右。

2. 给水管道不能穿________等承重结构，尽量远离对噪声有要求的________等。

3. 试画出你家的给水管道布置图。

任务 2　识读排水平面图及系统图

任务导入

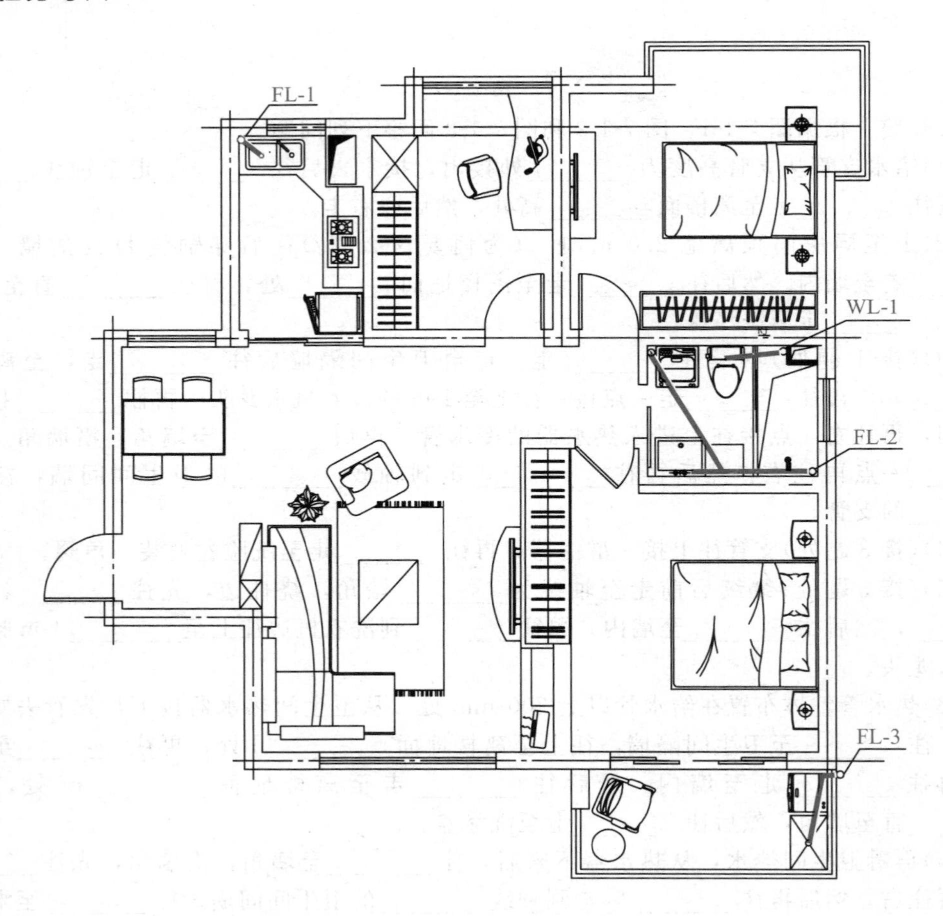

排水平面图 1:100

图 7-1-8

思考：

1. 图 7-1-8 中共有几根废水立管？分别布置在哪里？

2. 厨房洗涤盆废水排至哪根废水立管？卫生间洗衣机废水和洗脸盆废水排至哪根废水立管？阳台洗衣机废水排至哪根废水立管？卫生间坐便器污水排至哪根立管？

3. 这样布置合理吗？为什么？

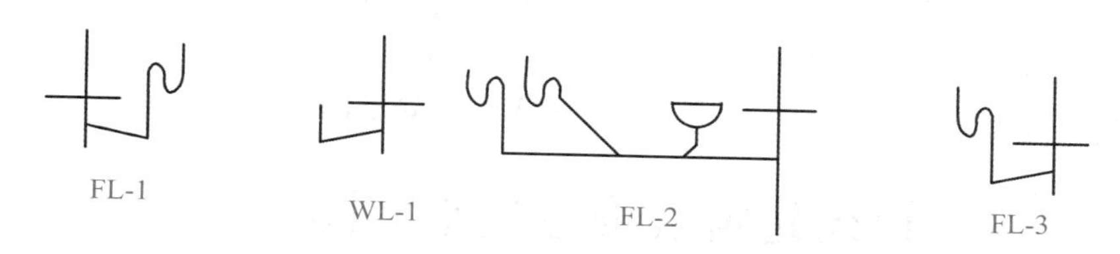

图 7-1-9

思考：

1. 在排水系统图 7-1-9 上标出污水排出的卫生器具的名称。

2. 说明水平支管的走向，即如何走至立管的。

知识链接

室内排水管道排除污水按污染程度可分为废水（污染轻的）和污水（污染重的，一般指粪便污水）。因为污水一般要经过室外化粪池处理，所以通常情况室内污水和废水分流，即分开来收集排放。

地漏是用来排除地面上的积水的，地漏位置比周围地面一般低 50 mm，地面以一定的坡度坡向地漏。但地面（如厨房地面、阳台地面，甚至卫生间地面）如果不是经常有水不建议设置地漏。有淋浴器时则一般在淋浴器下面地面设置地漏。因为在地面不经常有水的地方设置地漏，臭气、害虫可能会从地漏处上来，影响环境。

各卫生器具排水支管上一般都应设存水弯，因坐式大便器本身设有存水弯管道，安装时可以不设置存水管。

给水排水管道系统图水平走向的管道长度以平面图为准，高度方向长度按系统标注的标高计算而定。切勿水平走向的管道长度在系统图中量取按比例计算而定，这可能会产生很大的误差。

排水水平管道都应有一定的坡度坡向立管。

任务实施

想一想：图 7-1-8 中哪里的废水排至 FL-1？哪里的废水排至 FL-2？哪里的废水排至 FL-3？哪里的污水排至 WL-1？

任务拓展

练一练：1. 各卫生器具排水支管上一般都应设________，因________，所以管道安装可以不设置存水管。

2. 为什么室内排水管在室内应将污废水分开收集排放？

3. 为什么厨房不宜设置地漏？

4. 排水立管不宜设置在____________等对噪声有要求的房间。

学习情境 2 识读建筑装饰电气平面图

学习目标

1. 正确识读建筑装饰电气平面图的图示内容。
2. 掌握常用电气符号图例。
3. 掌握根据电气平面图画实际接线图的方法。

情境描述

如果你家建筑装饰图的灯具布置已完成，根据建筑装饰布置中的灯具位置、功能情况，布置电气平面图。通过下列任务的学习你会明白如何看懂并布置电气平面图。

任务 1 识读照明平面图

任务导入

思考：

1. 图 7-2-1 中各灯具开关设置在什么地方合理？图中对应设置在什么地方？

2. 配电箱在哪儿？请标出。（图例是 ）

3. 灯带开关在哪儿？玄关灯开关在哪儿？鞋柜上射灯开关在哪儿？请标出。（图例是 ）

4. 餐厅吊灯开关在哪儿？客厅成品吊灯的开关在哪儿？客厅筒灯开关在哪儿？请标出。（图例是 ）

5. 厨房灯开关在哪儿？请标出。

6. 书房灯开关在哪儿？筒灯开关又在哪儿？请标出。

7. 北卧室灯开关在哪儿？筒灯开关又在哪儿？请标出。（双控开关图例是 ）

8. 南卧室灯开关在哪儿？筒灯开关在哪儿？阳台灯开关又在哪儿？

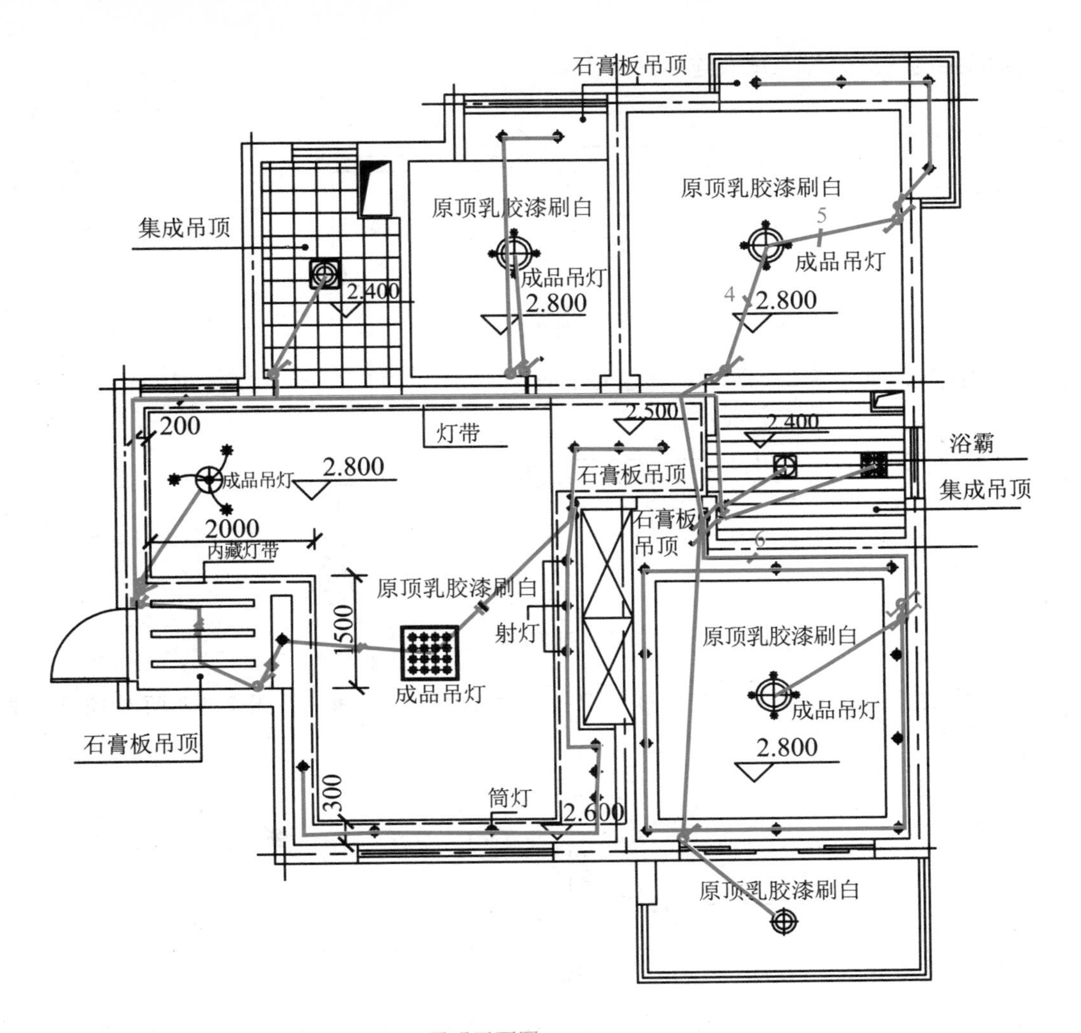

图 7-2-1

知识链接

电线线路分为火线(L)、零线(N)、接地线(PE)。照明线路一般 L、N 两根一起供电。如图 7-2-2 所示，火线、零线往右，火线经过开关(接入开关)，零线从开关经过不接入开关，然后一起继续往右再往前接入灯。

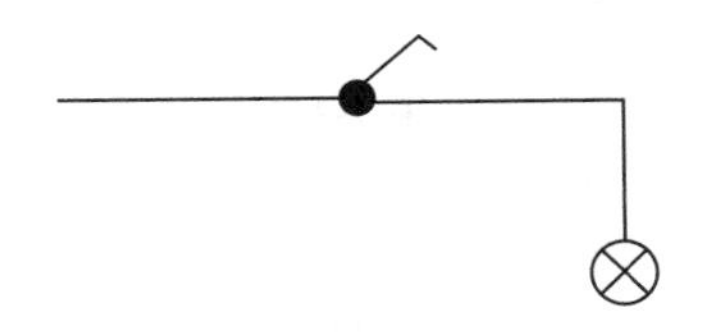

图 7-2-2

实际接线图应怎样？试着连接图 7-2-3。

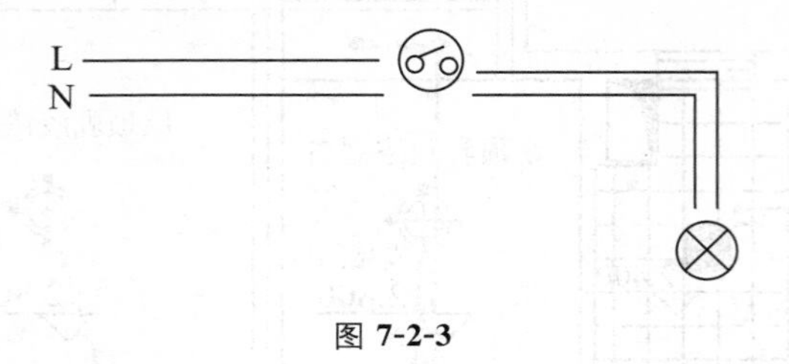

图 7-2-3

实际接线图如图 7-2-4 所示，你连对了吗？

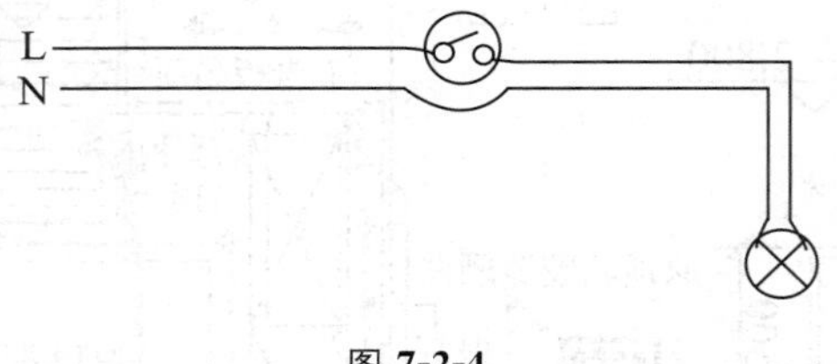

图 7-2-4

卧室内的照明灯一般采用双控灯，双控开关的图例是 。图 7-2-5 两双控开关控制一灯。

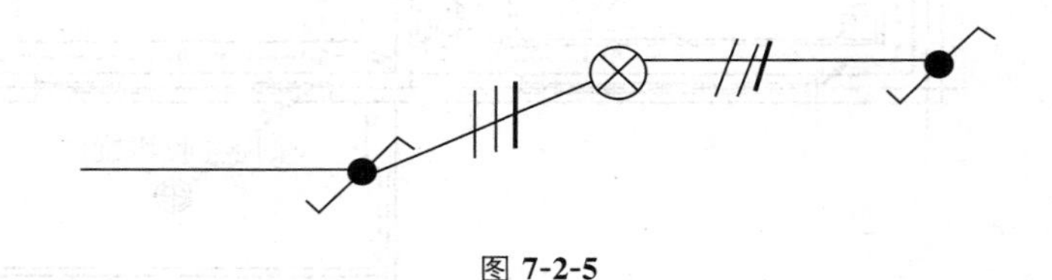

图 7-2-5

电线线路上三撇表示这里有三根导线，没撇表示两根线（因为一般至少两根线一起走）。也可用一撇加数字表示，如 ―/5― 表示 5 根导线。图 7-2-6 的实际接线图应是怎样的？试着连接图 7-2-6。

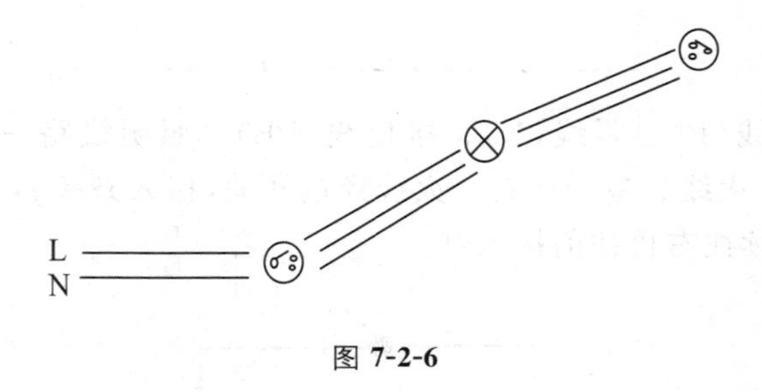

图 7-2-6

图 7-2-7 是图 7-2-6 的实际接线图。

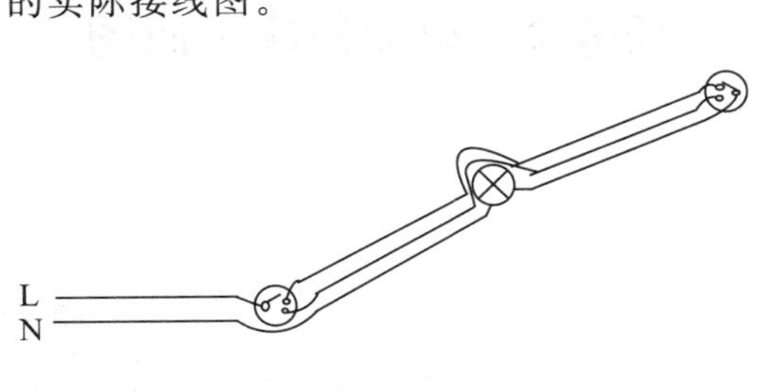

图 7-2-7

图 7-2-7 中的双控开关 $_{1}$ $^{2}_{3}$ 1 是动接线柱，2 和 3 为静接线柱。火线先接入一个双控开关的动接线柱，再把两双控开关的静接线柱分别接通。另一双控开关的动接线柱接至灯，灯的另一端接至零线。

照明线路暗装，一般都沿墙沿顶棚走。

任务实施

想一想：1. 图 7-2-1 一共分几路供照明用电？

2. 试画出卧室双控开关的接线图。

3. 每一路大概从哪儿走至顶棚？又从哪儿走下来？

任务拓展

练一练：1. 电线分为火线、零线、接地线，照明线路一般接入________和________线，要求________线进入开关。

2. 客厅内吊灯到开关有几根线？为什么？试画接线图说明。

任务 2　识读插座平面图

任务导入

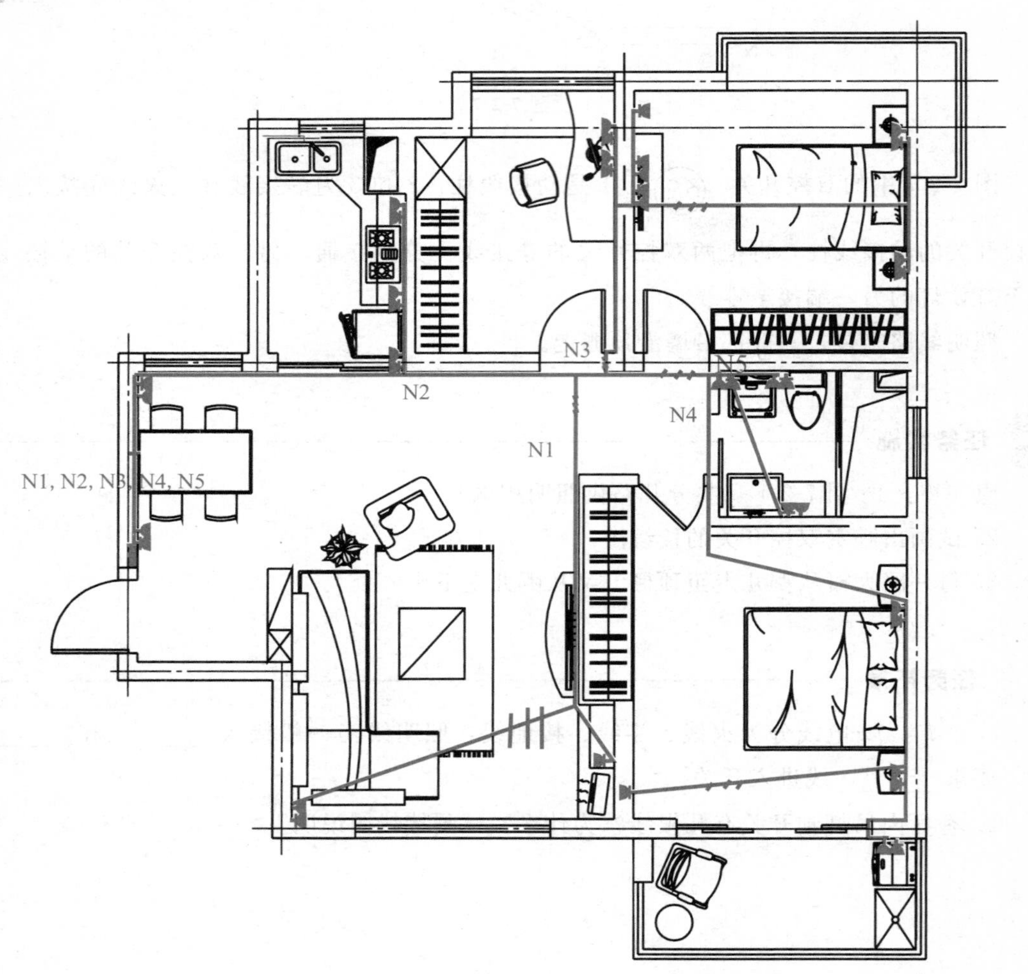

插座平面图 1:100

图 7-2-8

思考：

1. 图 7-2-8 中你认为哪些地方应设置插座？

2. 图 7-2-8 中在哪些地方设置了插座？

3. 单相插座（两孔插座）的图例是什么？单相带接地孔的插座（三孔插座）的图例是什么？

知识链接

电线线路分为火线(L)、零线(N)、接地线(PE)。插座线路一般 L、N、PE 三根电线一起供电。其中满足“左零右火上接地”。单相插座，接入零线和火线两根就可以，单相带接地孔的插座还要接入接地线，如图 7-2-9 所示。

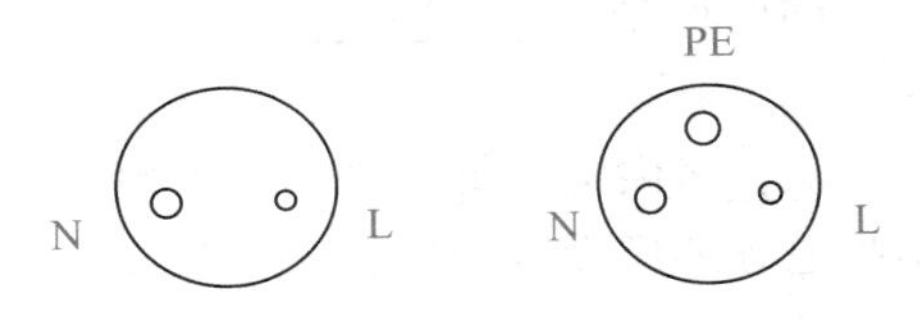

图 7-2-9

图 7-2-10 中的导线往右后接两个插座，一个单相插座(图例为)，一个单相带接地孔的插座(图例为)。

图 7-2-10

实际接线是怎样的？试着在图 7-2-11 中连连看。

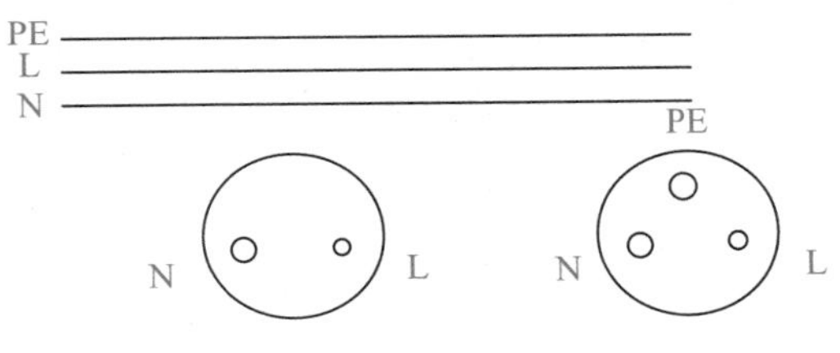

图 7-2-11

实际接线应如图 7-2-12 所示。

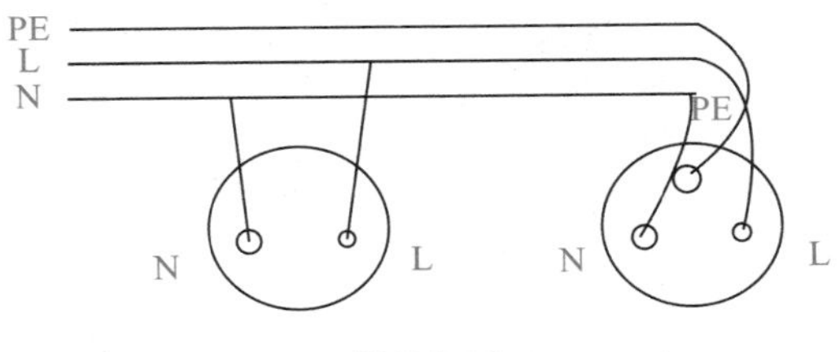

图 7-2-12

任务实施

练一练：1. 找到图 7-2-8 中 N1、N2 等(N1 表示是第一路)，一共分几路供插座用电。每一路至少是三根导线。试说明每一处的导线根数。

2. 试画每一路的接线图。

3. 试思考每一路大概从哪儿走至顶棚，又从哪儿走下来，插座的大致位置在哪儿。

任务拓展

练一练：1. 配电箱的图例是________，单相插座(两孔插座)的图例是________，单相带接地孔的插座(三孔插座)的图例是____________。

2. 插座接线应满足________。

3. 图 7-2-8 中共分了________路供电，每一路电三根导线，共________根导线。

4. 你认为图 7-2-8 中哪些地方还应设置插座？

参考文献

1. 王向东．建筑 CAD 制图[M]．北京：高等教育出版社，2013.

2. 冷春丽，王晓英，乔冰．建筑装饰识图快速入门[M]．北京：机械工业出版社，2011.

3. 毕敏军，雷道学．建筑 CAD 实训教程[M]．北京：北京师范大学出版社，2014.

4. 郭耀邦，楼江明．建筑识图[M]．北京：高等教育出版社，2012.

5. 吴舒琛．建筑识图与构造[M]．北京：高等教育出版社，2006.

6. 陆叔华．土木建筑制图[M]．北京：高等教育出版社，2001.

7. 谭伟建．建筑装饰制图基础[M]．北京：中国建筑工业出版社，2003.

8. 张传记，陈松焕．AutoCAD 室内装饰装潢全程范例培训手册[M]．北京：清华大学出版社，2014.